北斗梦

北斗星通十五年

郭宇宽◎著

机械工业出版社
CHINA MACHINE PRESS

图书在版编目(CIP)数据

北斗梦:北斗星通十五年/ 郭宇宽著. —北京:
机械工业出版社,2015.9
ISBN 978 - 7 - 111 - 51449 - 7

Ⅰ.①北… Ⅱ.①郭… Ⅲ.①卫星导航-全球定
位系统 Ⅳ.①P228.4

中国版本图书馆 CIP 数据核字(2015)第 203752 号

机械工业出版社(北京市百万庄大街22 号 邮政编码100037)
策划编辑:郝 静 责任编辑:郝 静 侯振锋
版式设计:水玉银文化 责任校对:舒 莹
责任印制:乔宇
保定市中画美凯印刷有限公司印刷

2015 年9 月第1 版·第1 次印刷
170mm×242mm·15 印张·192 千字
标准书号:ISBN 978 - 7 - 111 - 51449 - 7
定价:49.00 元

凡购本书,如有缺页、倒页、脱页,由本社发行部调换

电话服务 网络服务
社服务中心:(010) 88361066 教材网:http://www.cmpedu.com
销售一部:(010) 68326294 机工官网:http://www.cmpbook.com
销售二部:(010) 88379649 机工官博:http://weibo.com/cmp1952
读者购书热线:(010) 88379203 **封面无防伪标均为盗版**

北斗卫星导航系统的建设者、应用推广者和使用者，

在"共同的北斗、共同的梦想"旗帜下紧紧地聚集在一起，

这是"北斗人"的光荣与梦想，

更是北斗星通的光荣与梦想。

它展现的是一种情怀、一种意志和一种追求，

表达的是一股不屈不挠、勇于创新的强国精神！

推荐序一 勇挑北斗产业化重任，创一流卫星导航企业

国家高度重视北斗系统的应用，支持北斗产业化发展。预计到 2020 年北斗产业年产值可以实现 4000 亿元人民币规模，并写进了《国家卫星导航产业中长期发展规划》中。

4000 亿元如何实现？带着这些问题和压力，2010 年 3 月我去北斗星通调研，并听取了周儒欣董事长的汇报，当得知北斗星通 2020 年的目标是实现年收入 100 亿元时，我很受震撼，也很受鼓舞。全国只要有 40 家北斗星通，北斗产业年产值 4000 亿元的目标就能如期实现！

贺北斗星通公司成立十周年

勇挑北斗产业化重任

创一流卫星导航企业

孙家栋

二〇一〇年三月二十七日

2010 年 3 月，北斗卫星导航系统工程总设计师孙家栋视察北斗星通

这些年我一直关注北斗产业发展，对周儒欣及其北斗星通有了更多的了解。周儒欣是位有理想有抱负的人，他以推广北斗导航产业化为己任，积极探索北斗民用，把实现"北斗梦"与强国梦紧密结合起来，他对"北斗梦"的不懈追求令人敬佩。在周儒欣的带领下，北斗星通脚踏实地、开拓创新，取得了显著成就，主要表现为以下三点：

一是北斗星通是北斗产业领军企业。北斗星通是第一批从事北斗产业的专业化公司，是北斗产业首家上市公司，也是北斗产业示范企业。

二是北斗星通提出了"北斗一号信息服务系统"项目，这一旨在开发"北斗一号"民用应用的建议，开辟了北斗在海洋渔业领域的规模化应用。2001 年，我参加并主持了"北斗一号信息服务系统"项目的立项论证评审会，这个项目的实施决定了后来"北斗一号"对民用的开放，是北斗产业化历程中的里程碑。之后，北斗星通最先将北斗一号系统应用于海洋渔业，从此渔民捕捞作业、政府渔政管理发生了深刻的变革，"北斗一号"也因此被誉为渔民的"守护神"、渔政管理部门的"千里眼"。

三是北斗星通成功地自主研发出多款北斗芯片。公司从海外引进多名高端人才、投入数亿元资金研发北斗导航芯片。2010 年发布首款多系统、多频率、高精度导航定位芯片 Nebulas I，该芯片兼容四大卫星导航系统，国内首创、国际一流，获国家主管部门评测第一名。之后又陆续发布蜂鸟、Nebulas II 等芯片，其中，Nebulas I 获国家科技进步二等奖。三次芯片发布会，我都去了现场。

2000 年 10 月 31 日，我国第一颗北斗卫星发射升空，到今年已经十五年。北斗星通伴随着北斗系统建设的脚步成长，也正好走过了十五年。北斗星通十五年历程是北斗产业化的一个缩影。五年前，在北斗星通成立十周年大会上，周儒欣首次提出"共同的北斗、共同的梦想"，即北斗是建设者、推广者、使用者的北斗，是中国的北斗、世界的北斗，也是我们大家共同的北斗；

把北斗卫星导航系统建设好、应用好，从而实现导航强国的"共同梦想"。我对周儒欣这个提法特别赞赏，"共同的北斗、共同的梦想"已成为越来越多北斗产业人的共识。

北斗应用的发展比我预想的要快。北斗系统具有导航和通信相结合的特长，已逐步为国内用户所认可，在渔业、交通、电力和国家安全等诸多领域得到广泛应用。特别是在汶川、玉树抗震救灾以及2008年北京奥运会中发挥了重要作用。作为国家重要的空间信息基础设施，北斗系统现已形成包括基础产品、应用终端、运行服务等较为完整的产业体系。随着北斗系统建设"三步走"发展战略的实施，到2020年北斗服务覆盖全球，加之国家推进"一带一路"战略，北斗产业将进一步走向世界，迎来巨大的发展空间。北斗星通及从事北斗应用的企业、科研院所，使命光荣、责任重大。要抓住机遇，从应用领域、应用方式、应用价值三个方面加强自主创新和集智攻关，创造性地提出应用服务解决方案和规模化推广战略，共同提升北斗卫星导航系统的应用规模、应用质量和应用效益。积极推进北斗产业化进程，分享北斗产业应用的巨大成果。

《北斗梦：北斗星通十五年》一书，反映了北斗星通走过的风雨历程，记述了周儒欣及其团队经历的酸甜苦辣，揭示了"诚实人"的企业核心价值观，讴歌了北斗星通人顽强拼搏的创业精神，给人以启示和正能量，值得一读。读完书稿，掩卷深思，感慨良多，谈点感受。以此为序。

2015年8月3日

【作者：孙家栋，我国著名的航天专家，中国科学院院士，"两弹一星"元勋，2009年度国家最高科学技术奖获得者】

推荐序二　周儒欣与他的北斗梦

周儒欣给我当秘书三年多，从此二十多年我与他结下了深厚的情谊。

周儒欣办事靠得住，事前事后都有汇报，对与不对都跟我讲，考虑问题周密，一步一个脚印。他爱学习，肯动脑子，节假日都在学习，从不间断。他务实、讲信用、有担当、不张扬、待人诚恳、尊老敬贤，做人、做事、做学问皆受人称赞。我认为按他的能力水平和表现，继续在军队工作也是大有前途的，但他有自己的梦想和追求。

十五年前，周儒欣与他的同事创办了北斗星通，专门从事北斗导航定位业务。他选择北斗导航定位产业，随北斗生，伴北斗长，高擎"共同的北斗，共同的梦想"旗帜，与北斗产业同仁一起，一方面，不断开创北斗应用新领域，改善人们的生产、生活条件，创造美满幸福生活；另一方面，推动北斗产业走向世界，打造北斗产业民族品牌，实现产业报国理想。这就是周儒欣的北斗梦，是他的人生追求。

叶正大将军为北斗星通题词

2001 年 3 月，叶正大将军参加北斗星通挂牌仪式并题词

我国自主建立的北斗卫星导航定位系统起步于"双星定位"系统，"双星定位"设计理念先进，基本原理是在赤道上用两颗高轨道卫星完成定位，造价低、效果好、性价比高，还具备独特的短报文功能。提出"双星定位"设计理念的人叫陈芳允，他是我的同事，原国防科学技术工业委员会科技委委员，中国科学院院士，一位大科学家。他给小平同志写信，获得小平同志支持。按"双星定位"设计理念建成的北斗导航定位系统获得国家科技进步特等奖，陈芳允堪称中国"北斗之父"，没有陈芳允就没有今天的北斗。

当初，国家建设北斗卫星导航定位系统，主要目的是用于国防。我关注北斗，因为它才是真正的国之利器，使我国导航定位不再受制于人。北斗民用是后来才有的事，推动北斗民用是一件很艰难的事情，周儒欣是有贡献的，还有很多单位和成千上万人都在推动北斗民用产业的发展。我支持北斗民用，比起 GPS，北斗民用建设起步晚，基础设施差，市场规模小，但它是真正的民族工业，于国、于民、于己都有利，需要得到更多的呵护和支持。我希望有更多的人关注北斗卫星导航系统，关注北斗产业。

北斗产业前景广阔。《国家卫星导航产业中长期发展规划》提出，到 2020

年北斗服务覆盖全球，国内年产值达到 4000 亿元规模。习近平主席提出了"一带一路"战略构想，向"一带一路"沿线国家推广北斗业务迎来了从未有过的发展机遇。

北斗星通大有可为。周儒欣和他的同事们的北斗梦正在一步一步成为现实。希望北斗星通顺势而为，在做好国内业务的基础上，紧跟北斗脚步和"一带一路"战略，把北斗业务推向世界。

办企业不易，办成一家大企业更难。周儒欣用十五年时间团结带领有志于北斗产业化推广的同事们成就了北斗产业首家上市公司，年产值十多亿元，市值超百亿元，成为业界公认的高科技示范企业，这无疑是个奇迹。

这本书记录的是一个企业的成长史，是一个人、一个团队的创业史。奇迹背后有许许多多的精彩故事，值得一读。

这也是北斗产业第一本书，第一张名片。

叶正大

2015 年 7 月 30 日

【作者：叶正大，叶挺将军长子，中将，中国第一批航空专家。】

前言　以想象力引领的产业实践——北斗星通的模式意义

2015 年 5 月 13～15 日，主题为"开放、连通、共赢"的第六届中国卫星导航学术年会（CSNC2015）在西安曲江国际会议中心举行。就在这次卫星导航领域的盛会上，作为我国北斗产业化领军企业的北斗星通，通过展览展示、新品发布、论坛交流等一系列活动，全方位地向产业内同行展现了企业的品牌形象及最新成果；借北斗星通成立 15 周年之际，结合多年发展实践，率先提出了"北斗＋"的概念，让人们对未来北斗产业与现代人日常生活的联系充满了想象。在这次展会上，众多行业从业者聚集一堂，各家企业展位鳞次栉比。有人把 2015 年称作是"中国北斗全球化元年"，这一次的学术年会令人感受到了"风口"的力量。北斗应用已经被纳入"一带一路"国家战略规划。到 2018 年左右，我国将至少发射 18～20 颗北斗卫星，与全球其他卫星导航系统深入合作，共同推动北斗/GNSS 国际化应用，把北斗卫星导航系统打造成为国际知名的中国品牌。在这次学术年会上，中国卫星导航系统管理办公室主任冉承其抛出这则消息，掀起现场涟漪。

北斗卫星导航系统的建设是中国展示国家实力的重要组成部分，导航安全也是国家政治、经济、军事发展战略中不容忽视的关键环节，北斗产业中的各大企业也在积极开拓海外应用市场。所谓科研人员在天上拉下一张天网，政府在地面培育一方沃土，而真正让北斗应用落地的还要靠企业。诚如冉承其所言："整个产业链需要全社会的共同参与。"北斗星通作为一家民营企业，成为奋力推动国家战略实现与发展的先行者。

北斗企业迈出国门，就不得不谈及"北斗＋"，简而概之便是沿着上下游进行并购整合，谋划芯片、板卡、天线、终端、运营全产业链布局的模式，以便以集成商的姿态走出去。"两弹一星"功勋科学家、前北斗卫星导航系统总设计师、中国科学院院士孙家栋认为，要让北斗在智慧城市建设中更好地发挥作用，就要进行产业和技术的融合创新。在这一点上，北斗星通近日有了一个大动作——并购深圳华信和嘉兴佳利，这场并购称得上是这次年会前最大的一场盛宴，可见北斗星通对于北斗产业链发展的雄心与日益壮大的企业实力。

然而，遥想 2000 年 10 月 31 日第一颗北斗卫星上天，那时候有多少人会理解，一个说着要搞"北斗产业"的民营企业到底是干什么的？如今的北斗星通已经成为推动我国北斗产业发展最为重要的民营企业之一，在这次学术年会中，可以说是真正展现了其在产业内的龙头地位。那么，想要弄清一家几乎从无到有的民营企业，是如何在支持国家战略的运营服务方面占有一席之地，又是如何逐步成为行业的领导者，以及探讨国家战略与民营企业发展之间存在着何种关系，一个国家的基础技术平台如何与民用市场无缝链接，这一系列的疑问便是此次探索北斗星通模式意义的初衷。

在深入研究这个本土企业成长案例的过程中，我更加为以周儒欣为代表的北斗创业团队，能够把十五年前一颗梦想的种子，栽培、呵护、浇灌，成长到今天枝繁叶茂，怀有深切的敬意。

> 我们将这个案例纳入"开放力本土商学经典案例"，是因为它不仅对于卫星导航这个产业，而且对于很多在创业道路上为梦想而坚持的中国企业家都具有参考借鉴意义。

一、北斗星通对国家战略产业民用市场化进行了有益探索

古老的中国人通过世代的传承与总结，在天文学方面屡有革新的优良历法以及令人惊羡的发明创造，从而形成中国古人卓有见识的宇宙观，在世界天文学的发展史上占据着重要的地位。其中，北斗七星的发现与应用，是中国古人划分季节、辨别方向的开始。北斗由天枢、天璇、天玑、天权、玉衡、开阳、摇光七星组成，古人把这七星联系起来，联想成为古代舀酒的斗形，因而得名。北斗星在不同的季节和夜晚不同的时间，出现于天空不同的方位，所以古人就根据初昏时斗柄所指的方向来决定季节：斗柄指东，天下皆春；斗柄指南，天下皆夏；斗柄指西，天下皆秋；斗柄指北，天下皆冬。北斗七星是智慧先民所发现的时间（季节）与空间（方位）相结合的古老指引。因此，我国最重要的航天梦想之一——卫星导航系统便以此而命名。

2000 年以前，我国就开始建设北斗系统。2000 年 10 月 31 日，"北斗一号"第一颗卫星发射升空，同年 12 月 21 日，第二颗卫星紧随其后，中国成为世界上第三个拥有导航卫星的国家，这一历史性的跨越对我国的国防建设有着十分特殊的意义。在此之前，中国的卫星导航技术一直受制于美国的 GPS 全球定位系统，而北斗系统的研发是一项关系到我国军事安全的重大技术突破，对于我国的国泰民安有着重要的意义，因此，国家在北斗产业发展方面进行了强有力的推动与支持。

> 早于这两颗卫星的发射，2000 年 9 月 25 日，北京北斗星通卫星导航技术有限公司在北京中关村成立。北斗星通伴随着北斗卫星的发射、为实现北斗卫星导航产业化发展应运而生。

北斗系统的建设对国内企业来说是一个机遇，是国内导航企业弯道超车的机会。然而，在国家为国内企业创造机会的同时，有一个现实问题不容忽略：国家推动的重点产业在一定时期内通常都会得到较快发展，但由于体制等原因，往往会造成与市场严重脱节，以致抑制产业的发展，这背后体现的是一个国家的总体竞争力。

当年处于冷战中的两大世界强国——美国和苏联，就曾在互联网技术上进行过长时间的竞赛。苏联进行互联网技术研究的成果已经可将数个高等院校的计算机进行组网并远程连接，业已形成互联网的雏形。然而，由于体制本身的限制，军用科技在民用面前戛然止步，造成技术发展与市场脱节，从而导致空有技术，却不能实现产业转化，以至于在这场竞赛中，苏联输给了美国。与之相反，美国则在第一时间打通了市场。1969 年，美国国防部启动具有抗核打击性的计算机网络开发计划"ARPANET"，被公认为是当今"互联网的雏形"。除此以外，对于互联网技术的全球性普及也是美国人的功劳。美国在这场竞赛中的胜利，恰恰体现了体制差异与科技发展有着千丝万缕的联系。

美国政府在推动科技发展方面有着卓越的理解：一方面，在美国人的概念中，如果用纳税人的钱进行科技研发，那么所得到的科研成果也应该与每个纳税人分享。"ARPANET"的初衷虽然是用于国防建设，然而推广互联网的民用领域同样势在必行。另一方面，美国政府清醒地认识到，互联网技术的发展与应用绝不能局限于美国的军事领域，而应该格外看重民营企业在市场中的作用。互联网技术如果依靠美国政府来推动，势必造成其他国家的抵触。相比之下，将技术开放，让谷歌、微软这样的企业也介入其中，将互联网技术与国家扶植的重点科技产业进行融合，如此一来，高新技术的全球化推广与应用便可以轻而易举地实现。以高科技创造经济效益，再用经济效益回馈科技创新，这样的良性循环正是国家支持与市场调节合理配合的成果。

中国的北斗事业如何不重蹈一些国防工业技术的效益困境？技术实现了，产业却没有着落，最后成为国家面子的摆设，这也需要一批有识之士的探索。

随着北斗卫星的成功发射，中国又一次向世人证明了国家的力量。北斗系统所实现的"双星定位"在当时实属国内的突破性创举，可以说从技术上支撑了国家国防角度的北斗梦。卫星导航系统是国家安全和经济社会发展不可或缺的信息基础设施，而我国的卫星导航市场长期被美国的 GPS 系统垄断，长此以往势必为人所制。为此，曾经是军队科技干部的周儒欣怀着"推广北斗民用"的理想和决心创立了北斗星通，投身于卫星导航民用化的推广事业，将自己的命运和梦想与我国北斗卫星导航产业化紧紧连在了一起。北斗将成为产业，那时能认识到的人不多，付诸实践的更是凤毛麟角。

北斗星通带头开启了中国民营企业积极投入国家北斗卫星系统的产业化转变，从而引领军工科技在民用市场中良性循环的全新格局。

自 2000 年周儒欣从一个军队背景企业（京惠达）出来，创立北斗星通，以全新的身份和面貌崭露头角，他便开始思考如何让一个民营企业与国家命脉紧密相连。他曾为"北斗一号信息服务系统"的建立奔走相告，那时他清楚地认识到卫星导航产业的广阔发展空间。美国 GPS 能够让全世界的人们成为它的用户，恰好印证了军队科技应用向民用开放道路的正确性。俄罗斯的GLONASS 系统最早开发于苏联时期，到了 1990 年才使其公开化，目的是为了打破美国对卫星导航独家经营的局面，然而此时全球市场早已被美国抢占。美国的 GPS 无疑是目前世界上运用最广泛、发展最成熟的卫星导航系统。作为与美国的 GPS、俄罗斯的 GLONASS、欧洲的伽利略并列为世界四大卫星导航系统的北斗（BDS）卫星导航系统，应尽早地开放民用，以良性的市场机制，推动卫星导航技术的发展。

周儒欣等北斗星通人从企业和产业的角度对于卫星导航系统应用的深刻

理解与前瞻性思考，已成为中国北斗系统产业化发展中不可缺少的一股力量。

二、石缝求生的坚韧和资本战略支撑着北斗星通从小到大

有一幅名画很多中国人都有印象，就是那幅《跨越阿尔卑斯山圣伯纳隘口的拿破仑》。这个历史上的故事，是在第二次反法同盟战争期间，他出其不意地用兵，带领大军穿越阿尔卑斯山，以历史的荣耀激励他的部卒和他一起完成在当时的欧洲军事史上被视为不可能的任务。作为一个杰出的领导者，他留下了一句名言："统治世界的是想象力。"

我第一次见到周儒欣的时候，虽知道北斗卫星，但还不大了解北斗星通这个企业到底有什么样的愿景，它不像一个卖小吃的消费品公司，或者一个卖手机的科技公司，或者一个种橘子的农业公司，能够比较清楚地描述这个企业是"卖什么的"，只是大致知道这是一家从事导航定位的企业。

> 当我问他为什么这么强调"北斗梦"，这个梦想到底要把这家企业带到哪里去时，周儒欣说"只有想象力是我们发展的边界"。

人类从地球一个食物链边缘的物种成为地球的统治者，荀子给出了一个答案："力不如牛，走不如马，而牛马为用，何也？人能群，彼不能群也。"而为什么人能群？看《动物世界》就会发现，自然界食物链顶端的动物要么形单影只，要么像狮子、像豺狗，十几只一群就达到了群体规模的上限。这背后有其道理，因为要把一个群体团结在一起，需要激励，当能够看得见的激励就是远处的一匹斑马、一头野牛时，这个目标所能激励的对象是有限的，如果更多同类聚在一起，就会为这样的目标不够分而内斗。

而人类则不同，人类有一种比眼前能看到的目标更复杂的心智能力——

想象力，就像爱因斯坦说的："想象力比知识更重要，因为知识是有限的，而想象力概括着世界的一切，推动着进步，并且是知识进化的源泉。"这种能力能够使人类共同为了眼前看不到的目标而聚在一起，忍受眼前的焦虑和饥饿，为荣誉而努力，追求远远超过眼前的蛋糕。

我们都知道这样一个有趣的事实：每个时代光怪陆离的科幻小说往往是一种对未来的预测，曾经出现在科幻小说中的事物，在那一时代无论多么的不可思议，令人咋舌，到了下一个时代可能已经成为生活的稀松平常。"无位置不生活"的理念所描述的，正是从卫星导航的领域，以技术发展速度与方向为支撑，基于导航产业的寄生性、融合性、渗透性的三大特性，对未来生活的大胆设想：在未来的生活中，卫星导航技术所构建出的"位置产品"将无处不在。在我们的生活中已经逐渐能够感受到卫星定位技术愈发突显的重要性。最直观的感受就是，当你到了一个陌生的城市，即使远渡重洋，只要有了一部能够导航的手机，便让探索的步伐如同故地重游般充满信心。而在离我们生活较为遥远的领域，从蔚蓝的天空到汪洋大海，都离不开卫星导航技术的指引。富饶的海洋资源在开发过程中如果失去了卫星导航技术的支持就如同海底捞针；平稳航行中的飞机同样依赖着定位技术才能最大限度地保障舒适与安全。

企业是推动科技进步最重要的经济主体，北斗星通正是将强大的梦想力量与坚韧的务实精神相结合，让理想的生活方式一步步地成为现实。我国北斗现已成功应用于测绘、电信、水利、渔业、交通运输、通信救援、森林防火、减灾救灾和公共安全等诸多领域，产生了显著的社会效益和经济效益。

未来的北斗应用还会体现中国的国际责任。北斗系统是一个国家乃至全球的重大信息基础设施及战略设施，这是中国作为世界舞台上的大国为世界做出的巨大贡献。孙家栋院士曾指出，到了 2020 年，中国的北斗技术完成"三步走"以后，将会构建北斗卫星导航系统网络，形成全球覆盖能力。到那时，全球四个定位系统将联合发挥作用。每个系统有 30 多颗卫星，全球就有

120多颗，无论人们处于地球上任何一个地点，都会有40颗以上的卫星进行定位服务。这样，全球卫星导航系统将推动智慧城市及其他领域的建设，给全世界的居住者带来更加便利的生活。

这些都是我在接触北斗星通以后才逐步了解到的，而今天你问大多数普通人什么是北斗产业的时候，可能还是一个懵懵懂懂的概念，我们可想而知在十五年前，当周儒欣跟人家说，他要搞北斗产业的时候，他在运用怎样的想象力去说服别人。他要说服同事要做中国自己的北斗产业，而不是光做一个眼前能赚到钱的代理经销商；说服他们在房地产火爆，而中国北斗还看不到希望的时候，坚守这个行业。他要说服客户，在世界各国技术比较成熟的情况下，说服他们给中国北斗一个机会。他更要描述给政府、合作伙伴、投资人一个很大的梦想，让他们以真金白银和外部环境来支持自己的"北斗梦"。

十五年来，是这个梦想，凝聚了能够跟得上周儒欣想象力的资源，集合在他的身边。

可以说北斗星通今天的事业和未来的事业，是一个以梦想的能量来凝聚的事业，就像有一段现在在网上流行的话："一个人若想成功，要么组建一个团队，要么加入一个团队！在这个瞬息万变的世界里，单打独斗者，路就越走越窄，选择志同道合的伙伴，就是选择了成功。用梦想去组建一个团队，用团队去实现一个梦想。人因梦想而伟大，因团队而强大，因感恩而充满力量，因学习而改变，更因行动而成功。一个人是谁并不重要，重要的是他站在哪里，他身后站着多少人，身后站着的是一群什么样的人！"

一批军队转业和退休干部，一批想要实现专业抱负的技术人员，一批诚实质朴的创业者，团结在了周儒欣周围。

要干成一件超前的大事光靠起早贪黑的辛苦积累是不够的。北斗星通作为一家民营企业，想要在新兴产业中谋求发展，就不得不面临着资金与技术的双重压力。

困难还在于，这个生意不像是很多消费品领域的生意，比如卖肉夹馍、卖拉面，开张之后很快就能赚钱。北斗产业需要长期的铺垫积累，在漫长的时间里，只见投入，不见产出。国家战略产业除了要依靠国家力量扶持外，科技的发展还离不开市场中最为活跃的经济主体——民营企业的推动。然而，军工技术发展路径的高精尖硬性标准虽然具有很强的战略意义，投射到民用却需要很长的转化路径。这就导致民营企业推动技术产业转化的过程困难重重，要想成为探索产业中的研发型企业，不仅面临着技术突破的难题，更难以躲避资金短缺的硬伤。尤其在卫星导航产业中，我国的技术才刚刚起步，较之于美国GPS还处于落后状态，更让该产业链条中实力较为薄弱的民营企业的发展步履维艰。

在如何使企业发展与市场需求对接，解决远方战略理想与脚下生存之道之间的矛盾上，北斗星通摸索出了一条值得借鉴的"两步走"发展模式。

第一步，借船下海。从公司一成立，北斗星通便成为加拿大诺瓦泰公司的代理。加拿大诺瓦泰公司是一家在精密全球导航卫星系统（GNSS）产品与技术处于领先地位的供应商，北斗星通早期通过代理诺瓦泰产品，与国际先进技术成功接轨，利用诺瓦泰的成功运作实现了自身企业与市场的对接，并在代理合作过程中实现了人才培养、管理模式升级的国际性接轨，让北斗星通一步一个脚印地走在了良性发展的轨迹上。

第二步，志存高远的北斗星通，在诺瓦泰代理业务的不断扩张与壮大中，用其带来的经济收益支撑着理想中坚定不移的目标——北斗业务的发展，这是一个虽然目前难以创收却前景可观的长远目标。北斗星通用自己的发展模式，不仅在早期解决了资金、市场、人才、管理等问题，更在后来抓住机遇，成功上市，实现了与资本市场的成功对接。通过成熟的资本运作，获得股东的支持，让这一无法立竿见影却意义深远的理想事业得到了强有力的推动。

英国著名的物理学家牛顿曾说过："如果说我比别人看得更远些，那是因为我站在了巨人的肩膀上。"科学的金字塔正是这样一代一代地垒起来的。一个人或者一个企业的发展，都离不开先行者的开拓疆土以及优秀前辈的携手指引。而我们非常清楚一点，要站到巨人的肩膀上并非易事，而从塔尖上看到的广袤、壮美的风景，也远非常人可以想象。

> 作为卫星导航技术新兴企业，在起步的时候无法立刻摆脱对国外技术与企业的依赖。即使当今作为行业内龙头企业的北斗星通，也是走过了一条"引进、消化、吸收—合作创新—自主创新"的发展道路。这样的路径清晰地记录了企业发展的每一步脚印，也愈发突显出"创新精神"在企业发展过程中的重要性。

在十五年前的第一次创业阶段，Mini – WAAS 产品创新，北斗星通成功签约中国卫星导航增强系统，为事业发展获得了技术与资金支持。2003 年的 RT2S 产品创新以及 2006 年的 BDNAV 系列产品合作创新为事业发展打下了业务基础。与此同时，通过自主创新，集装箱码头管理可视化项目、北斗卫星海洋渔业项目等，以全新的业务模式丰富了北斗星通的业务范围，提高了向市场需求输送解决方案的能力。

上市后的第二次创业，企业转型升级、人才引进，北斗装备以及芯片业务开拓等各个方面，无不体现出创新的力量。通过转型升级，北斗星通自主创新产品与服务已经逐步成为公司收入和利润的主要来源。北斗星通开发导航定位应用系统及软硬件产品、基于位置的信息系统、地理信息系统和产品、遥感信息系统和产品、通信系统和产品。截至 2014 年年底，已获得 161 项软件著作权、110 项技术专利，形成了一系列自主知识产权，在北斗自主知识产权的数量和规模上领先于同行业。

那么，北斗星通在发展历程中的一次次创新求变，从主营国外产品代理业务转向投入大量资金搞技术自主研发，将北斗星通打造成为研究型公司的意义何在？难道一直维持着投入低、赚钱快的代理业务不好吗？说到这里，就与北斗星通的企业梦想不无关系了。

北斗星通在自主研发芯片上，从 2009 年成立和芯星通到现在已经投入巨资，2013 以前每年都是亏损的，2013 年以后开始突破性的发展。几年的坚持和投入，换来的是国家的信任、行业的领先、员工的自豪。看着这一份梦想指引下的执着精神，使人不禁对这个企业肃然起敬。虽然口中谈的梦想如此轻盈，却背负着旁人无法理解的重任。

我印象最深刻的，就是在采访几位北斗星通高管的时候，他们都不约而同地提到一句话："年年难过，年年过，年年过得还不错。"

这个企业这么多年来以梦想为旗帜，他们每一个坎过得都不容易，但脚踏实地，最后都过来了。

三、"诚实人"的企业文化支撑北斗星通梦想照进现实

先进的技术与充足的资金固然重要，然而如果缺乏科学管理机制的支撑，也难以让企业的机器持续地运转下去。

服务于北斗产业这样一个集技术性、战略性、融合性为一身的发展战略，北斗星通更需要一套相匹配的管理机制，以配合企业发展战略的实现，应对经营过程中所遇到的挑战。领导三五个人的团队靠感情，领导千人的团队就要靠文化和信念。在这一方面，北斗星通根据自身特点，摸索出了适合自己的管理机制，形成了以"诚实人"为核心的管理文化。

从周儒欣到每一个员工，胸牌上都写着"诚实人"，既不会妄自尊大，你吹牛吹大了，更没人相信。也不必妄自菲薄，别人看不起你的时候，你自己得看得起自己。

北斗星通的"诚实人"的后两个字，正是从"务实"与"坚韧"中提炼出来的。对于一个企业而言，还有什么能比诚信更重要的呢？"诚信、务实、坚韧"这三个词汇便是北斗星通的文化内核。

一个科技研发型企业，特别是在早期，很多情况下向市场出售的不是产品，而是梦想。如何为投资人、客户生动描绘企业发展的伟大蓝图是必不可少的"基本功"。然而，出售梦想不意味着就会有人买单，在彰显理想与激情的同时，更需要踏实诚恳的做事态度，不能把梦想变成忽悠。仰望星空的同时绝不能忘了脚踏实地，蓝图铺展得再好，吹得不着边际，也不会让客户产生信赖。每一步梦想的实现，需要提升为客户所创造的价值，转换成实实在在的技术服务与经济效益的双重提升。正是这样一步一步走过来的经历，让"诚实人"的企业文化逐渐建立起来。

"诚信、务实、坚韧"这三个词，曾有人质疑缺乏昂扬的斗志，但在与北斗星通各层领导、员工的接触中，能够感受到这三个朴素、平和的词语在他们身上所产生的力量：他们为人朴实、诚恳，态度平和，同时在谈到挫折、困难之时又是那么坚定而勇敢。用北斗星通创始人之一李建辉的话说，企业文化没有对错，只有是否匹配。

> 每一个企业都应有与其相适应的文化，这一文化并非一拍脑门的横空出世，而是在历经多次成败之后总结出的智慧结晶。有些公司里面贴满标语，但却觉得和这个公司的真正气质并不吻合，就相当于一个人赶时髦，买了一堆名牌穿在身上，但搭配得却不好，让人怎么看都不舒服。

"诚实人"这三个字，在经历十五个春秋之后，已经深深植入北斗星通，并在潜移默化中发挥着重要作用，让人不得不赞叹这一核心价值观在企业管理上的恰到好处。

陶渊明的世外桃源为大家熟知，"阡陌交通，鸡犬相闻"，良田、美池、桑竹，以及愉快劳作的人们，那一份怡然自乐令人心驰神往。北斗星通董事长周儒欣就想建一个这样的"世外桃源"式企业。北斗星通发展的这十五年，在业内的声誉很高，"诚实人"在各自的岗位上勤恳地工作，人与人之间坦荡、真诚，同时也就多了几分包容与理解，在无形中凝聚着一种团结而正义的力量。

有一种说法认为，北斗星通人一出去不一定是能力最强的，有时甚至让人感到北斗星通的业务员在外面显得有些慢半拍，不懂得投机取巧，或许显得有些"愚钝"，但人品常是受人尊重的，也正是这一个"愚"字，点了"愚公移山"的题，更让人感受到了北斗星通人的那种勤奋与坚韧，正所谓"大智若愚，大巧若拙，大辩若讷"。对于企业内部而言，也只有这样的人格，才能构建出一种"世外桃源"式的企业文化。

在北斗星通公司倡导的价值观里，不屑于做损人利己的事，这样一来人与人之间也少了几分隔阂与防备之心，把精力全部注入工作之中，这是一种理想化的工作状态。对于整个行业而言，正是因为北斗星通人有着这样的品质与做事风格，才获得了无论是合作方还是客户极大的信任，并且令人深切体会到了与北斗星通合作所感受到的踏实、放心。在与同行的竞争中，虽然艰难、辛苦，但是有一个起码的底线：决不诋毁竞争对手，如果失利，也要在自己身上反思，通过提升能力打败对手。

这样的理想状态固然好，也不免令人担忧它是否真的能够实现。在北斗星通看来，这个理想并不是绝对的量化标准，而是需要在不断流动与调整中慢慢实现。北斗星通能够达到这个理想状态基于两个原因：一是上行下效。作为董事长的周儒欣便是如此，秉承着"诚实人"的作风，无论是对合作伙伴、客户还是员工，周儒欣总是尽自己最大的力量，说到做到。在周儒欣的领导与影响下，从高层、中层、基层领导再到普通员工，多数能保持着这样的作风。二是大浪淘沙。在这样一个大环境下，偷奸耍滑的行为暴露无遗，而这样的人最终在企业里也是做不下去的，从这一点上也保证了队伍的品质。一个事业，正是有一群价值观相同的人团结一致才做起来的。无所谓对错，只是合不合适的问题。守住这样一种信念，企业的发展才有可能沿着既定的方向奋力前行。北斗星通有着这样一种精神，只要是认定了目标，不惜一切代价都要努力将其完成。

北斗星通追求的是要成为真正站得稳、稳得住的"诚实人"，不仅要使公司的盈利能力提升，更重要的是要形成有序、高效、健康的公司管理体系，这样才能使人才最大限度地发挥价值，同时也使员工以自己是北斗星通的一员而自豪。

除此之外，在这个企业中经常听到的两个词就是"快乐"和"感恩"。

"如果公司的绝大多数员工都觉得他所从事的工作是一件很快乐的事，乐于为公司做贡献，并且通过工作让自己的生活更美好，那么公司就成功了！"这是周儒欣说过的一句话，他希望每一个员工都能够在工作中感到快乐。北斗星通的使命就是要"使我们的生活更美好"。周儒欣始终以维护与实现员工的利益为己任，他曾不止一次表示："要始终将维护好、实现好广大员工的根本利益作为工作的主要出发点和落脚点。企业的发展是为了员工的幸福，企业的发展离不开员工的付出与发展，员工和企业要融为一体、相辅相成、休戚与共、共同发展。共同打造属于我们自己的世外桃源。

　　常怀感恩之心，这是北斗星通企业文化重要组成部分。周儒欣本人就是一位不忘本、懂得感恩的人。他常说，要感恩这个时代，是国家给了他改变命运的机会，成就了他的事业，因此，他对国家的感恩赤诚而坚定，并要求自己的员工一定要懂得感恩。

　　　　我们的团队在调研北斗星通的过程中，梳理并论证的内容，不仅涉及民营企业如何依附国家战略型产业谋求出路与相互供给，还会详细解读企业管理当中恰当的企业文化对于一个企业发展的重要性，并将阐释正确建立企业文化的方法论。我们希望通过此次针对北斗星通的探索所挖掘出的发展模式，能够为中国其他产业与民营企业发展带来一定程度上的启发。

推荐序一　勇挑北斗产业化重任，创一流卫星导航企业//Ⅴ

推荐序二　周儒欣与他的北斗梦//Ⅸ

前言　以想象力引领的产业实践——北斗星通的模式意义//ⅩⅢ

上　篇
从平凡的世界到不平凡的梦想

第一章　创始人精神孕育企业精神

童年底色 //003

生命中的贵人//006

投笔从戎，成为军人//009

给叶正大将军做秘书//011

第二章　顺势而为的体制内"下海"

十字路口的人生抉择//014

在挫折中掘取"第一桶金"//019

集中兵力攻打重点领域//022

高通公司之行，瞄准方向//023

第三章 "北斗梦"拉开帷幕

借船下海,从代理外国产品开始//026

股份制改造,被迫出局//029

置之死地而后生,北斗星通成立//031

因北斗而生,伴北斗而长//034

中 篇

脚踏实地,创业的黄金十年

第四章 拿下梦想的第一块牌照

中关村成隆兴之地//041

商业计划书是"梦想宣言"//042

下定决心争取北斗"入场券"//044

光明正大走"后门"//045

第五章 从 0 到 1 到底有多难

大港油田,实现"0"的突破//051

板卡销售成了"现金牛"//054

"用户前台":周儒欣的产品创新观//056

爱拼才会赢,决胜天津港//058

第六章 从无到有靠本事,从小到大是工夫

啃下军用市场的硬骨头//066

载入史册的论证会//069

不成功的突围//070

南海局，从战略突破到战略合围//075

第七章　管理是科学，更是实践

百战归来再读书//081

通过国军标认证，建设质量管理体系//084

重抓项目管理和客户关系管理//087

第八章　梦之队的上市之战

峰回路转的"上市"//090

"三大战役"创"百日过会"IPO经典//092

激动过后的危机化解//098

下　篇

再出发，转型升级迎来风口

第九章　上市只是开始，创业没有止境

一场不虚的务虚会//105

苦练内功，转型升级//108

涉足驾考，渡过金融危机//111

重大专项，一举两得//113

占位"北斗二号"//115

政策利好下的产业爆发//118

第十章　自主研发"中国芯"

民营企业的"中国芯"//122

三顾茅庐，请能人"出山"//125

成立子公司，造出中国芯//128

两种思维方式的冲突//131

厘清母子公司管理边界//134

第十一章 资本运作助力跨越式发展

从"内生"到"外长"//138

汽车电子板块基本成形//140

"并购就像谈恋爱"//144

双雄加盟，如虎添翼//146

成立北斗资本，产融结合//149

第十二章 文化也是生产力

现代桃源，让我们的生活更美好//153

做"诚实人"//158

军人品格成就企业作风//162

"家文化"的升华//165

"党建"成了品牌//170

产业报国，服务社会//172

第十三章 对标未来——与周儒欣的对话

北斗产业迎来重大发展机遇//177

以产业想象力做加法//183

伴随北斗走向世界//185

附录一：北斗星通发展历程//188

附录二：北斗星通高管群英谱//191

附录三：北斗星通词典//194

跋：怀抱北斗梦 感恩大时代//207

从平凡的世界
到不平凡的梦想

有这样一句话："人生是一场负重的狂奔，需要不停地在每一个岔路口做出选择，而每一个选择，都将通往另一条截然不同的命运之路。"选择，无论是主动还是被动，都常常意味着一种不可逆的人生主题。历史的偶然性和必然性，也往往在某一个人与整个时代的碰撞中露出端倪。

　　"北斗梦"是一个顺应时代潮流的梦想，周儒欣就是这样一个在时代潮流中，时而逆流而上，时而顺水而下，时而波澜弄潮，时而借势泛舟的勇者。正像路遥先生笔下的《平凡的世界》，周儒欣经历了从乡土到现代、从怀疑到自信、从卑微到出众的转变，从一个平凡的起点，延伸出的一个不平凡的梦想。

第一章 | 创始人精神孕育
         | 企业精神

童年底色

周儒欣生于 1963 年。著名音乐人刘欢曾以《六十年代生人——给我的同龄人及后代》为名推出专辑时说："20 世纪 60 年代，对于我们上一代的人可能是家灾国难，对于我们下一代的人可能是天方夜谭，对于我们，可能只是似真似幻的童年。每个人各自的童年或幸福或苦难，我们记住了很多，可能也忘记了很多，可是当那些回荡在记忆深处的旋律飘然而至，心底的咏唱就印证了一切，再癫狂的时代都会留下一些美好，因为有人在，因为有音乐在。"歌声最能够将人们带入一个时代，也能够以一种忆苦思甜的心态忘记一些苦难，记住一些美好。

今天的北斗星通董事长周儒欣，毫无疑问是一个风格独特、个性鲜明的企业领导者，他不仅具备善于求索钻研的学者风范，同时又有着令行禁止的军人作风，还有一种非常质朴的"诚实人"的精神气质。这样的一个周儒欣如何在那个贫乏而又充满激情的时代中成长起来，是这个故事的缘起。

周儒欣从小成长在河北沧州地区一个普通的村庄，那时的周家，虽谈不上大户人家，但在村中有着颇高的威望。这份威望归根溯源，还是与"文化"有关。周儒欣父亲读书读到了中学，当年在村子里就是数得上的文化人。在中国的乡土社会，即使在"文革"中，礼失求诸野，也延续着传统的士农工商的阶层观念，在这样的社会观念中，"文化人"是最受人们尊敬的阶层。周父后来曾跟孩子们讲起来，他儿时求学，步行七八十华里到沧县（现沧州）读书，这一段路可以让他走上一整天。那种对知识的虔诚，以及对改变命运的渴念，我们今天已经很难想象。

由于在当时的同龄人中出类拔萃、学业有成，周父在镇上的储蓄所谋得一份工作，不再做靠天吃饭的农民，而是用自己的智慧一点点构建起自己理想的生活。自由的意志在长期禁锢的头脑中萌生，用知识改变生活的困窘也被看作最为积极的人生态度。然而，人生起落，造化弄人，严峻的考验终于还是降临在他的身上。1958年，作为一个"文化人"，他被打成了"右派"。周父之后的命运便是被遣返农村重新当起了农民。残酷的现实打败了理想，当生活显示出狰狞的一面，自尊心极强的周父并没有随波逐流，反而形成了更加沉潜刚毅的担当。这段经历他并不常跟家人提起，周儒欣也是长大成人之后才约略了解到父亲曾经吃过的苦头，他感觉到父亲是一个非常值得尊敬的人。

当时被遣回农村的时候，由于周父识字、会算账，便被安排到食堂做起了管理工作。食堂的同事都对他敬重有加，有时候还拿来一些干粮塞给他贴补家用。这本来是村庄中常见的人情往来，也是管食堂的一点小福利，却都被他婉言相拒——他就是这样一副宁可饿肚子也不愿占任何便宜的倔强脾气。

这样的性情通常被人们过分解读为道德层面上的崇高，而在极度困苦的情况下，只能说是一种天性中的东西。周父的是非观，也许和他遭遇"右派"

打击后的自尊和谨慎有关，人性所展现出来的，有时候比说教与观念美得多，也深刻得多，更为耐人寻味。它能够多多少少地帮助我们去理解，那些刚毅背后的柔弱以及无奈过后的坚强。

当时凡是能够识文断字而又出身平凡的农民，都有着两个非常朴素的认知，其一是文化的重要性，其二便是期望子女跳出农门。1963年3月，作为家中的老三，周儒欣出生了。对于当时的周父而言，他也不会想到数十年后，儿子能够成为企业家，能够拥有诸多名闻利养。

父亲的愿望，就是想要自己以及后代摆脱蒙昧，过文明的生活，即使不能创造更多的物质财富，也能够在面对命运的惘然时分还能够真切地感受到自身的存在与价值。

周父平素也没有讲过什么大道理。周儒欣记得最清楚的，就是小时候父亲常跟他们讲的："你们看看人家县城里的小孩多干净、多文明。"这便是周父对周儒欣最初的教育，给他树立了一个向往更广阔的世界、向往"文明"的人生方向。到了过年的时候，父亲便会召集他们兄弟们比试比试"才艺"，其实就是让他们在纸上写写画画。谁画得好，就奖励一张饼吃。在这样的潜移默化中，周儒欣一点点地认识到了文化的意义，也正是这一份儿时对"文明"的懵懂，孕育了周儒欣内心中渴望求知的种子。

然而，真正燃起周儒欣人生昂扬斗志的，还是他脑海中挥之不去的一个画面：昏黄的煤油灯下，母亲的眼神毫无倦意，一针一线地为她的孩子们缝制衣裳。亲眼见证母亲的辛劳，总是让周儒欣的心里感觉到一阵阵刺痛，他能够体会到母亲的劳累。

周儒欣常说，他也绝不是从小就有什么大理想，与其说是报效国家，还不如说是慈母手中的针线鞭策着他——长大了一定要凭自己的双手创造出好的生活，让家人都能过上好的日子。

周儒欣从小在同学中就比较出色，在小伙伴的眼中就是个孩子头的角色，出色的学习成绩让他不仅获得了老师的青睐，更在孩子中间树立起了威望，在班上稳稳当当地成为班长。从周儒欣的身上，隐约可见周父那种要强性格的基因，头脑聪慧灵动，以至于干农活、打乒乓球也都要争个第一。

生命中的贵人

20 世纪 60 年代生人的精神特质，物质的匮乏和红色理想的亢奋是两个相映的主题。在他们的童年和少年时代，周围的一切似乎都是红色的：红旗、红太阳、红像章、红宝书、红袖标、红领巾……还有与红色相关的革命理想、革命意志和革命豪情。

在这样的一个大背景下，年幼的周儒欣如何坚定不移地凝视着"文明"与"知识"的光芒？这其实源于周儒欣对文化的信仰，这一份信仰来源于周父日常点滴的教育。正是由于争强好胜的性格，使得周儒欣紧跟时代的大潮，努力做一个当时标准的好学生。当时周儒欣在同学们中间，学习总是班上第一名，他割麦子也是出类拔萃的，打乒乓球也很出色，但这些也并没有给他提供一个很广阔的舞台。一个优秀的农村青年，其未来的发展选择也许会入伍参军，也许会当一个大队干部，将来成为一个乡镇、县城的干部，一个"吃公家饭"的人。

然而，一个历史性的转机出现了！1977 年 8 月，邓小平同志在北京主持召开了科学与教育工作座谈会，在这次会议上，小平同志当场拍板，改变"文化大革命"时期靠推荐上大学的高校招生办法，高考制度得以恢复。由此中国重新迎来了尊重知识、尊重人才的春天，这个特大喜讯激活了中国数百万知识青年沉寂的心田。

那段特殊时期，农村学校中的"好学生"即便成绩在同学中名列前茅，底子也还是薄弱的。当时镇上的教育部门在这一次备考中还进行了形式上的创新与尝试——村子里的五个公社各选出了一个科目最好的老师，每个公社选出十个左右的学生，这就是当时的"尖子班"，进行高考前的集中培训。

周儒欣多年后回想起来还觉得自己真的是很幸运，如果没有这样的机会，他一个农村孩子很难考上大学，而能获得这样难得的机会，还离不开两位"贵人"的出现。

恢复高考那一年，周儒欣14岁，这样轰轰烈烈的文化大事在周儒欣的眼中似乎和自己并不相干。一来年纪尚小，还无法理解高考的意义；二来自己能不能跨进高考的门槛还属未知。这一时期，周儒欣热衷于打乒乓球，梦想着也许未来能加入体工队，代表河北当上全运会的乒乓球冠军。有一天，周儒欣被体育老师安排到操场上训练，准备参加乒乓球比赛。正打得酣畅之时，巧遇从操场经过的政治老师杨荣清，杨老师见到这位自己很得意的优秀学生竟然没有准备高考，当即质问："你怎么不准备考大学啊?"这当头棒喝，问得周儒欣有些迷茫。"考大学?"周儒欣愣在当地，他原来没考虑过自己还有这样的机遇。杨老师似乎看穿了周儒欣的心思，特地告诉他："现在国家的政策做了调整，只要知识过硬，不管是什么家庭出身的孩子，都可以上大学。"周儒欣还有些懵懂。杨老师几乎是代他做主，他觉得周儒欣是个好苗子，但毕竟学业之前抓得不紧，特别是数学没有系统的训练，就为周儒欣请来一位优秀的数学老师，放学以后给周儒欣"开小灶"。

杨老师毕业于武汉大学政治经济系，在小乡镇上做老师，是一位热情十足、毫无保留的教育工作者，真可谓"春蚕到死丝方尽，蜡炬成灰泪始干"。他那一份在教育事业上全身心的热爱与投入，令周儒欣回想起来都不免肃然起敬。

那时的老师用心关爱自己的学生，一旦发现学生的才华便绝不忍心让一棵好苗子就此荒废，那一种抛开自身利益、爱才育才的善良和道义如今看来也令人十分感佩服。

杨老师为周儒欣"私人配置"的数学老师李文普，毕业于河北大学数学系，和杨老师一样，他们都是"文革"前考上大学，"文革"期间毕业被分配到河北做起了乡村教师。李老师性格内向，不善言谈，但是数学造诣很深，对学科相当专注，是当时非常优秀的数学老师。每个星期，他都会安排周儒欣去他的宿舍，给他出题目，再回去做，下次再拿来给他改。周儒欣有幸得到这两位"贵人"的指路，这一份恩情，时至今日仍令周儒欣感慨万千、无法释怀。

> 每个人从出生到长大，无论大人物还是普通百姓，无一能逃脱其所处的时代背景。而在每一个人成长的过程中，都受着父母和家人、老师和同学、领导和同事、同行和伙伴等出现在我们生命中的每一个人的影响，并同时汲取着他们的滋养。这一切无不令我们感到自身的渺小，也亲眼见证着平凡中的伟大。

周儒欣很珍惜这样一个良师指教的机会，通过这一番补习，他的数学成绩突飞猛进，没有辜负老师的期望，从学校的乒乓球尖子成为数学尖子。不久，周儒欣代表学校参加沧州地区数学竞赛，金榜题名，他还因此上了当地小有名气的《沧州日报》。这一下全村沸腾了，有人见到周父便咧嘴道贺："这回你家娃娃不愁找对象啦！"

从那个时代过来的人都知道这样一句顺口溜："学好数理化，走遍天下都不怕。"或许是受到大环境的熏陶，抑或是为李老师专注数学的精神所感染，在同年的高考中，周儒欣以全县第一名的成绩考入了南开大学数学系，成为周家祖祖辈辈第一个大学生，走进大城市，登上了更大的舞台。

周儒欣回想起这段经历，总是说起自己的渺小和对贵人、对时代的感恩之心："个人的力量真是太渺小，如果没有这些养分和国家政策的支持，我充其量只是一个勤奋的农民。"

周儒欣考入大学的同一年，他的父亲也恢复了工作。那是一个国家拨乱反正、欣欣向荣的年代。对于当时的周儒欣来说，理想也在萌发，最初大概是一个再朴素不过的愿望——不当农民，摆脱那一种自己无法掌控的生存状态！随着大学的高等教育，理想也从一个概念变得越来越具象——修炼成为社会需要的人才。

南开大学是当时中国的数学重镇，培养了一批像陈省身这样的大师级专家，而在大学生活中，真正的转变则在于对改革开放思想的深入理解。

周儒欣对纯理论的研究有某种不满足感，觉得那不是他想要的人生。在他的观念中，"学以致用"是读书的终极目的，而一味地做理论研究在这样一个特殊的国情下，比不上实业报国所创造出的社会价值。这不仅是一种面对着年迈的父母所背负的生活重担而产生的不满足，也是一种面对着社会的高速运转，看到现代城市拔地而起时产生的不满足，这种不满足刺激着周儒欣追求更壮阔的生活。

在大学期间，周儒欣的父亲时常写信过来，叮嘱读大学的儿子。每一次在信的末尾都要加上一句话："好好学习，将来努力工作报效国家，不要忘记邓小平，不要忘记共产党。"这也给了他一种农家孩子有今天不容易的感恩心和责任感。

投笔从戎，成为军人

那一代青春如火的年轻人，和当今青年大为不同，他们对理想的追逐更是当代年轻人无可比拟的浪漫。"奋斗"这两个字，在当时的青年人中间如同白口罩、军大衣那样成为一种时尚。

20 世纪 80 年代，是中国又一轮思想启蒙时期，这一时期，百废待兴，充满了机遇和挑战。大学快毕业时，周儒欣突然决定不继续深造读研究生，而要去参加工作。那时他常问自己："学习的目的是什么？如果所学的东西不能为所用，那么还有什么意义呢？应该先参加工作，了解社会到底需要什么？"

这里还有一段小插曲，当时他的一个中学同学王金树，在天津河北工学院读大学，专门来找他，批评他："你这么好的条件，怎么不读研究生，难道胸无大志吗？"其实周儒欣胸中是有一番志向的，在那个激情洋溢的年代，年轻人都肩负着报效祖国的使命，参军入伍在当时是非常光荣的。周儒欣的家乡沧州是中国的武术之乡，民间有尚武之风。也许是这些潜移默化的影响，当中国人民解放军国防科工委招聘人员看中周儒欣，并表示愿意录取他到研究载人航天的航天医学工程研究所工作，周儒欣未加思索地接受了。

然而，国家的航天项目在当时发展得并不顺利，受中国经济水平局限，国家高层对于航天也有不同的看法。当时发展经济、改善人民生活是更加急迫的问题，发展航天事业经费不足。这里的研究任务并不像周儒欣当时想象的那样饱满和有趣，很快航医所就开始裁员缩编，当然裁掉的主要是工农兵大学生，周儒欣并不在列，但此时他的想法有了变化，他决定继续深造学习。当时部队领导只给他一次报考机会，为稳妥起见，周儒欣选择报考母校南开大学计算机与系统科学系，并顺利通过考试，正式成为一名穿着军装的研究生。

周儒欣攻读硕士阶段所选择的研究方向是"模式识别与智能控制"。这一专业属控制科学和工程一级学科。"模式识别与智能系统"是 20 世纪 60 年代以来在信号处理、人工智能、控制论、计算机技术等学科基础上发展起来的新型学科。该学科以各种传感器为信息源，以信息处理与模式识别的理论技术为核心，以数学方法与计算机为主要工具，探索对各种媒体信息进行处理、分类、理解，并在此基础上构造具有某些智能特性的系统或装置的方法和途径，以提高系统性能。

或许正是这样的专业背景，周儒欣的头脑中逐渐形成了一整套科研创新的思路，在设计流程上，周儒欣也具备了多方面的知识系统，以便让他在研究指导方面游刃有余。这也为今后的职业发展，打下了扎实的基础。

拿到了硕士学位后，周儒欣必须在军队内部选择工作，因为航天医学工程研究所工作任务不多，尽管上研究生时，他的工资仍由航医所发，但这时他决定不回航医所，经过一番比较，他最终选择了军事科学院军事运筹分析研究所。

军事运筹学是应用数学工具和现代计算技术对军事问题进行定量分析，并为决策提供数量依据的学科。周儒欣本科时期的理论数学基础，加上研究生阶段对于应用数学的实践，对他在运筹所的工作发挥了很大作用。

给叶正大将军做秘书

1991 年，国防科工委为叶正大将军寻觅一名秘书，于是把任务分配到了秘书局。秘书局局长接管这一任务，并开始了国防科工委系统内的寻觅。就在寻找、打探的过程中，周儒欣的名字印在了他的头脑中，原因在于竟然有两个人不约而同地推选周儒欣为最佳人选。这两个人，一个是他在总政干部部工作的大学同学，另一个是在国防科工委机关工作的原航天医学工程研究所的室友。周儒欣说他当时并不知道有这种安排，若说这种故友旧情是否有一些偏袒之心我们无从判定，但可以看出周儒欣无论知识才华还是为人处世都令周围的朋友尊重和欣赏。叶将军只看了一下周儒欣的简历就对秘书局的局长说："就是他了"。于是就在一场无意的非选之选中，周儒欣被调到国防科工委，做了叶正大中将的秘书，一次非策划性的人生转折悄然发生。

> 这一次的转折看似偶然，却存在着相当的必然性，一个人的积累，无论是学识上，还是人格上，到达了一定的质变，才可以在机遇敲门之时，做好准备开门迎接。

一个搞科学研究的人才，如今转型成了领导的秘书，做行政工作。而叶正大将军非比寻常，他是叶挺将军的长子，20世纪50年代毕业于苏联莫斯科航空学院飞机制造系，既是将门虎子，也是中国航空工业领袖级的专家。对于周儒欣而言，在科学研究的道路上走了这么长时间，他的发展重心已经发生了转变，他认为管理较之于科研更适合他的脾气性格，所以对于他来说，成为高层领导的秘书是一次难得的机会。而叶正大将军与周儒欣的关系，与其说是行政上级，不如说更像一位人生关键时期的导师。

在叶正大将军身边工作，周儒欣有机会接触到了中国人民解放军当时最高精尖的军工科技，也曾参与了多次重大的战略分析与决策，从中了解到目前国内科技发展的优势，甚至最大的问题与挑战，这使得他在审视与分析问题上更为宏观，逐渐形成了统领全局的体系化思维。同时工作中有大量的机会随同领导到基层考察，从中也切身植入一线工作环境，观察学习基层工作内容与劳动经验。周儒欣常常讲起叶正大将军就有一种由衷的钦佩："叶将军现在年事已高，对新技术、新产品仍然保持着浓厚的兴趣，很敏感。他最近送人家的礼物，是自己用3D打印机打印出来的笔筒，老先生比我还更喜欢玩手机上各种新的功能。"

当时的国防科工委组织了若干个专业组，比如惯性导航专业组、卫星导航专业组、智能导航专业组……围绕着军事工业最前沿的科学技术，国防科工委几乎代表了中国当时科研的最高水平，有一大批以钱学森为代表的知名专家与院士学者等高端人才。周儒欣长期和这些走在时代最前沿的科学家们一起工作，使他对中国军工体制与军工产业化都有了一定的了解和思考。

这一时期，周儒欣从理论到实践感悟着军事科学与科学管理的无穷魅力，使自己从微观到宏观，再从宏观结合微观，对问题的分析与解决有了自己的思考和认识，这对于他之后的职业发展与人生规划，都产生了举足轻重的影响。以致后来，国防系统分析专业组直接交由周儒欣来组建，由他组织开展了一系列的研究工作，撰写学术论文。当时军工科研生产学习了美国的管理模式，建立了新标准——武器装备全寿命管理，这就成为国防系统分析的主要研究课题。武器装备全寿命管理就意味着接下来的武器装备的研制要根据军事需要来确定研究目标，并且实现研制—装备—维护系统化管理。在此期间的工作，周儒欣目睹了中国军事工业的发展，看准了军工向民用工业体系发展的趋势，为今后决定下海奠定了一定的心理准备。

第二章 | 顺势而为的体制
内"下海"

十字路口的人生抉择

时代回旋往复，而今全民创业的气象令人回想起20世纪80年代改革之初的气势，人人谈改革，人人要下海，甚至流行一个口号，叫作"龙下海、虎下山"，有人加上一句"横路敬二待机关"。"横路敬二"是日本电影《追捕》里的一个人物形象，20世纪80年代很多中国人经常用"横路敬二"形容一个人没有能力。当然，机关中还是有很多优秀人才的，但这种说法反映的是当时一种躁动的社会心理，很多人向往到市场经济的热土中去干一番事业。

1985年5月23日，中央军委扩大会议召开，讨论军队精简整编、体制改革等问题。6月4日，邓小平在会上讲话，提出中国人民解放军的员额减少100万。指出国民经济上不去，军队建设也不行。军队的同志要忍耐，要服从大局……

一夜之间，党政军大办公司之风席卷全国。

当时国家在申办执照、工商税收、确定经营范围等诸多方面给予相当宽松的条件。地方企业上缴所得税比例是 33%，军队企业则定为 9.9%。有利的政策环境和适时的经济温床迎来了军队企业的欣欣向荣。上至三总部以及各大单位，下至连队，连一个小小科室都在处心积虑想着去搞创收。

经过十年左右的发展，到 1995 年前后，军办企业发展逐步形成了三个层次：一是国家级军企，如三九集团、新兴集团、保利集团、凯利集团、新时代公司等。初始资金部分来自军队固定资产，部分来自部队自有资金，还有部分来自银行贷款。这些企业的经营者也主要由军委和三总部任命。三总部的直属集团公司，经过发展基本上都成为综合贸易开发公司，资金雄厚，人员数量庞大。二是各大军区开办的企业，从最初从事一些农副业生产贸易，或者开办一些工厂如采掘煤矿等发展起来，慢慢扩展为商贸公司。三是历史遗留下来的军工厂或者专业工厂，如维修飞机、坦克、大炮等各种装备的修理厂，以及生产军用被服的军工厂，后来多数被转入地方，也就是俗称的军转民企业。总之，军队在北京的企业中，95% 属于中小企业，而少数大企业的营业额则占了所有军企总营业额的 3/4 强。

从 1985 年到 1992 年，在全军大搞生产经营的背景下，国防科工委动静不大，生产经营只是放在负责军工系统的计划部门，并没有专门成立法人机构。生产经营办公室管理的也只是一些院校、基地、研究所的科技开发企业，没有自己的直属企业。

宏观上看，1992 年是个特殊的年份，今天看来，那一年成为中国历史进程中的标志性拐点。改革开放以来，中国在经济复苏方面取得了诸多成绩，但由于长时间的封闭与混乱，这一进程也并非一帆风顺。在国内，计划和市场的冲突在 20 世纪 80 年代末趋于激烈。棉花大战、钢材大战、蚕茧大战此起彼伏。1988 年，超过 20% 的通货膨胀导致老百姓抢购成风，经济秩序出现混乱局面。中央不得不从 1989 年开始花 3 年的时间采取治理整顿的措施。在这种情况下，有人认为经济的混乱是市场因素造成的，甚至主张把"市场"这只"鸟"再关回"计划"的"鸟笼"里去。中国的改革又走到了一个历史性关头。

80 年代末到 90 年代初，改革之路将何去何从？社会主义何去何从？发展的迷茫与犹疑中，1992 年 1 月 18 日~2 月 21 日，88 岁高龄的邓小平再一次来到他亲自规划发展的南方，发表了"南方谈话"，让犹疑的人们从睡梦中苏醒，认清了不改革就不可能有发展的现实。对于如何看待改革中出现的新事物和新问题，邓小平提出："不要搞争论。不争论是为了争取时间干，一争论就复杂了，把时间都争掉了，什么也干不成。发展才是硬道理。"

这种要实干、不要空谈的倡导，我觉得在周儒欣的性格中是有体现的。在企业发展的一些重要关口上，即使内部有很多不同意见，周儒欣总能披沙拣金，务实为先。企业要往前发展，要做大，要把握机遇期，为此他也承受着很大的压力。

国防科工委的生产经营真正发展起来，是在小平同志南方谈话一年之后的 1993 年 5 月份。国防科工委党委常委会决定，要借小平同志南方谈话的东风，发挥科工委的空间科技优势，加大力度开展生产经营活动，为国民经济建设服务。于是，委派沈荣骏副主任和叶正大副主任带领后勤部孙其祥副部长先后到珠海、深圳、中国澳门、中国香港进行考察。一行人考察归来，便向国防科工委党委常委会进行了汇报，决定成立生产经营领导小组，由沈副主任任组长，孙副部长任副组长兼办公室主任，加大生产经营领导和投入力度，逐步形成四线布点格局：一线是香港和澳门，主要是发挥科工委的科技园优势，在香港开展卫星发射代理业务，在澳门开展通信业务，搞澳门电视台；二线是在深圳、珠海、厦门、宁波等沿海城市，建立高新技术企业，进行科技成果转化；三线是各基地、院校开展技术开发；四线是机关和驻京直属单位兴办的各种经营实体。

这样的大背景下，1993 年 12 月，新的选择又一次出现在周儒欣面前。叶正大将军即将从国防科工委的科技委领导岗位转任全国人大常委，他找来周儒欣，要和他谈一谈未来工作的打算。

这位老领导起初并不建议周儒欣弃军从商，他认为周儒欣性格内向，不善言谈，不太适合在商海中打拼，倒不如四平八稳地走仕途，甚至已经安排好周儒欣到国防科工委的计划部门工作。今天你跟周儒欣打交道也还会有这样的感觉，这不是一个很善于言谈的人，有时候说话说到自己企业的长处的时候，还有一点脸红。叶正大将军对周儒欣的判断不能说没有道理，也许周儒欣确实不是一个通常意义上适合做生意的人。不过，做生意的商人和干事业的企业家，本来就不是一个概念。叶正大将军大概后来也没有想到周儒欣会有那么大决心，那么持久的韧劲儿。

对于周儒欣而言，这是他人生能否干一番事业的重大选择，他骨子里总是有一股强烈的冲动，是个"想干事"的人。一方面，他想运用自己的探索精神与经营头脑，顺势而为搞生产经营，在商业浪潮中闯出一片天地；另一方面，在下海经商的问题考虑清楚之前，到国防科工委计划部门工作也是一个良好的发展方向。在这关乎命运的十字路口上，很难做出快速的抉择，犹疑之际，一个人的到来起到了决定性的作用。这个人就是国防科工委驻广东惠州办事处主任沙钰，他同时还兼国防科工委惠州远望科工贸发展公司和大亚湾远望科技工业公司的董事长。

沙钰怀有实业报国的抱负，曾做过国防科技大学数学系的主任，也是周儒欣研究生导师的同学。周儒欣进入国防科工委工作后，和沙钰接触更多，思想观念也颇受其影响。那天，沙钰和周儒欣深谈了一整天，深刻分析了国家的形势，谈到了目前在机关工作的利与弊。沙钰劝导周儒欣，像他这样的年轻人非常适合在国家现有的环境下做实业，如果能下决心离开机关，到生产经营一线去锻炼将会有更大的成就。老前辈沙钰的建议对周儒欣是正中下怀，他正是豪气干云的年纪，内心又怎会满足于每月领着固定的薪水默默无闻地度过此生？

从感性上看，当个人理想与国家命脉、时代召唤有了紧密捆绑的机会，年轻的周儒欣在青春热情的涌动下也想拼出一番事业，实现自己的价值。从理性上来说，国家经济百废待兴，中央出台的很多优惠政策鼓励军队企业"自我完善、自我发展、自我约束"，这个时机下海经商，正所谓"万事俱备"，东风也正从海上吹来。

1994年春节过后，周儒欣终于下定决心"下海"了！北京京惠达新技术公司经国防科工委首长批准，于1994年5月28日注册成立，沙钰是法定代表人，周儒欣任总经理。周儒欣找来迟家升任副总经理，又找来战士李国盛当司机，三个人租了一间小房子便做起了公司。时任国防科工委企业管理局局长赵庆瑞退休后成为北斗星通的顾问，他回忆说："企业局名义上是管着京惠达公司，但没有给过一份资助，周儒欣能把这摊子事情干起来，可谓是白手起家，确实不容易。"

在最艰难的时刻，又有一位曾经是周儒欣的领导为了支持他办企业，给京惠达派了一个人和一台车子，又拿出5万元现金。据说当时周儒欣拿到这笔钱，激动万分，他哪里见过这么多钱，5万块钱在当时可不是个小数目。但是这笔钱对一个企业的发展仍属杯水车薪，无论是从国家的角度来看，还是从周儒欣个人的角度而言，企业如何在市场经济中运转，还是一个新的课题。曾经的理论与思考积累，付诸真正的实践中，仍然一筹莫展、难辨东西。

当时的周儒欣还不是彻底的下海，仍然保留了军队职务，还算是部队的人，赚了钱还要上缴部队。他那时候要给支持他的领导做出点业绩来，回报知遇之恩，也证明自己"下海"没错，这个压力是很大的。

在挫折中掘取"第一桶金"

创业的艰辛在预料之中，最痛苦的阶段却并非道路的艰辛，而是根本无路可寻。就在周儒欣为公司发展谋求出路之时，他回忆起了在协助叶正大将军工作期间，曾经接触过的美国 GPS 导航系统。

周儒欣曾参与过《海湾战争最终研究报告》一整套书的翻译工作，同时参与了海湾战争军事武器及先进技术的研究，从中了解到了美国军方的撒手锏是一个叫作 GPS 的卫星定位系统，这让周儒欣以最直接的方式认识到导航系统在军事工业中的重要性，同时他也看到了中国导航系统发展的不足，看到了这一领域的机遇和挑战。他将目光聚焦在了美国 GPS 卫星定位系统，打算从中谋求生机。

正在此时，周儒欣偶然发现他曾经在军事科学院运筹所工作时的一个师弟王涛正在开发 GPS 监控系统在中国的应用，于是就在师弟的引路下开启了 GPS 监控系统应用的业务，并以此作为公司的主营业务。其实在 GPS 业务拓展方面，周儒欣一头雾水，为了使业务展开，对得起和他一同奋战的兄弟同仁，周儒欣明白，当下必须以公司生存为唯一目标，绝不能放过任何赚钱的机会。

初入商海，他也结结实实地被呛了几口水。据一些创业元老们回忆，那个阶段，周儒欣整天就想着怎么能赚到钱，把大家的工资能发出来，那时候的京惠达，连批发转卖信封、信纸、年历、电热装饰画都干过。一次在领导引荐下，周儒欣与一家台湾公司合作，做起了发动机清洗剂的代理业务。他决定在国防科工委汽车修理厂举办一次汽车发动机的清洗演示活动。这种事放到时下，正是最流行的营销方案——线下品牌推广活动。20年前周儒欣就想到了这种推广方式，格外新颖有趣，得到了领导的大力支持，同时也吸引了众多用户单位前来参加。

然而，由于缺乏商业经验和风险防控意识，周儒欣万万没想到，台湾厂家迟迟没有把演示要用的发动机清洗剂送到北京。众人瞩目之下，活动的举办已经箭在弦上，为了公司的名誉，也为了给领导有个交代，周儒欣万般无奈，只好联系了另外一家发动机清洗剂代理公司，甚至只身一人骑着三轮车将大罐的清洗剂样品从北京南站运回位于北三环的公司，又扛上四楼的办公室。

耗尽体力的周儒欣在心中暗骂的已不再是合作公司的失信，而是自己的疏忽与鲁莽，没有做好应急措施，使得这一番努力却为竞争对手做了宣传推广，造成了经营上的严重失误。

经商试水，挫折在所难免，周儒欣懂得，此时最重要的不是追究别人，而是总结自己，这样的失败才不至于令人过分沮丧，反而能够从中榨取一点失败的价值。

其实，从京惠达1994年4月成立以来，真正能维持公司的业务是计算机及办公自动化业务。在这一年，沙钰董事长从国防科工委拿到一笔某基地13台微机及配件的单子，这一单便赚了近10万元，久旱逢甘霖，这一笔资金的注入为京惠达的初期发展解了燃眉之急。为了保证货物的安全，副总经理迟家升亲自带人坐火车将货物送到基地，周儒欣还托付在火车站工作的亲戚予以关照。

在配送这批货物的过程中，还有个至今难忘的细节。为了给计算机配置电源接线板，周儒欣和迟家升两人冒雨打着伞在还是一排排小平房的中关村电子一条街，挨家挨户地询价，整整花了一上午的时间，从 10 元一个接线板询到最后的 7.5 元一个，几十个接线板算下来省了差不多 100 元！如今回忆起来，那一段时光有点苦中作乐。周儒欣向来节俭，即使如今取得了这般业绩，也忘不了当年创业的艰辛，看到人们日常无心的浪费，仍然会感到心疼。他知道，这份来之不易的成功，离不开当时一点一滴的精打细算。

1995 年春天，周儒欣接到一个朋友的电话，说 SGI 的首席代表想请他吃饭。SGI 可能今天大多数人都不大熟悉了，这个公司中文名叫硅图，当年也是一家很受尊敬的计算机公司。这个朋友受人之托，想找到一家有实力的公司做代理。周儒欣看到了商机，却又有些忐忑，既不想错失良机，又对自己的实力不够自信。但是，遇到挑战保守退缩一向不是周儒欣的作风，在与 SGI 首席代表吃饭时，他实事求是的态度，既不过分夸张自己的实力，又表达出来做事的诚意，最终打动了人家，为京惠达争取下了 SGI 的代理授权。

当时，联想等多家企业也都在做代理销售外国电脑品牌的生意，各地的电脑卖场生意都比较火爆。路打开了，怎么走还是一个棘手的问题，因为自己在这一领域并不在行。周儒欣此时想到了他的大学同学郭胜利，这位大学同学把 IBM 紫光代理的生意做得风生水起，正是他急需的人才！当初为了节省 100 块钱跑遍中关村的周儒欣，此时却不惜花重金，将郭胜利挖了过来，任命为京惠达的总工程师，同时成立 SGI 业务部，让郭胜利兼任该部门经理。1995 年 10 月，京惠达为 SGI 一举拿下了有国际知名计算机公司参与竞争的订单，并于当年上缴企业管理局 50 万元利润。

赵庆瑞局长回忆起来评价道：周儒欣当时刚刚起步，头一次真正赚到了钱，就真金白银拿出一半的收益上缴组织，这一份忠诚与信誉，在艰难的创业初期尤为不易，这也说明这个人，一方面想干事，一方面确实对组织忠心耿耿。

这件事使京惠达扬名业内，同时也令公司上下信心倍增。周儒欣从中看到了企业发展的曙光，在商海中呛过水后，也捞到了鱼虾，至少让公司有了生存下去的基础。

集中兵力攻打重点领域

随着公司的稳步发展，有了生存基础，周儒欣是不会满足于倒卖小商品的，GPS 监控系统应用作为京惠达公司的主营业务，逐渐脱离其他业务的支持而稳步运营起来，于是其他零散的业务逐渐从公司运营中撤出，从而将实力与开发重点锁定在了 GPS 车辆监控管理方面。

GPS 车辆监控与管理系统主要朝两个方向开发：一是中心监控管理软件，二是车辆安装的终端设备。中心与终端之间用短波电台进行通信连接，那时市场上还普遍使用模拟电台，因此在中心与终端都需要开发一种模数转换调制调解器，以便将电台传来的模拟信号转换成数字信号，将电台传出的数字信号转换成模拟信号。

为了开发这一项技术，研发人员都是在周六下班后进行实验，每次发送数据调制调解器都会发出"嘟"的一声。当听到不停地"嘟嘟"声从调节器中响起时，大家兴奋得鼓掌相庆，相信每一个亲身投入其中的研发人员都难以忘怀那个激动的时刻，技术向前迈进了一步，就意味着公司的发展又向前迈进了一步。

由于这一项技术革新，公司《GPS 车辆监控与管理项目》通过国防科工委批准，获得了 35 万元的资金支持，并将此技术成功地应用于银行运钞车的监控与管理上。1996 年 5 月，公司研发的"RDS/DGPS 移动目标监控与管理系统"又一次获得了国防科工委卫星应用项目的经费资助。1998 年 3 月，公司研发的"JHD 多用途卫星导航定位仪"也获得国防科工委卫星应用项目的经费资助。同年 5 月，公司成功开发出"第一代多用途卫星导航定位仪"；10 月，该定位仪获得军队的第一笔订单。这一系列的辉煌战绩，使得全身心扑在公司发展上的周儒欣感到莫大的欣喜。

京惠达在 GPS 应用领域的创新，使周儒欣带领的这支队伍在业内有了立足之地。就在此时，一个新的机遇降临在了眼前，成为公司发展中一次重要的转机。

高通公司之行，瞄准方向

1997 年年初，美国高通公司意欲在中国推广 OmniTRACS，为此积极寻求中国的代理商。正是由于此时的周儒欣在公司发展的摸索中，早已把自己的注意力放在了卫星导航业务上，在代理 GPS 监控系统应用方面在业内也是小有成就，因此在这一次高通公司寻求代理商的过程中，与当时由周儒欣领导的京惠达公司取得了联系。

高通公司将 OmniTRACS 系统应用于美国高速公路长途运输车辆监控，而且兼有通信功能，解决了长途运输货车的远程监管跟踪问题，大大提高了作业效率。当了解到京惠达为国防科工委下设公司，掌握着国内最先进的技术时，高通公司更加渴望与京惠达合作，发展 OmniTRACS 系统在中国这样一个庞大市场的应用。

同年 8 月，高通公司 OmniTRACS 系统的业务拓展经理来京与京惠达一起举办了"OmniTRACS 中国用户研讨会"，并邀请周儒欣去美国的高通公司总部考察。这正应了周儒欣心中一直在盘算的事，既然在做美国的 GPS 应用，就该前往美国，亲自了解美国的卫星导航应用公司是如何运作、如何发展的。同年 10 月，应高通公司之邀，周儒欣带领考察团飞赴美国。

考察团成员一行四人，有京惠达 GPS 部门经理张欢，还有清华大学土木工程系、多年致力研究 GPS 的过静珺教授，以及时任国防科工委航天局卫星应用处处长、后成为北斗系统总师的杨长风。这个代表团有中国的军方背景，得到了美国方面的高度重视。落地美国，初来乍到还闹了一个笑话，这次美国之行，京惠达的预算有限，为了节省开支便选择了住在寒酸的汽车旅馆，而在美国方面，接待中国国防科工委的下设公司不敢有丝毫怠慢，就连派来接机的车都是加长林肯。加长林肯将一行四人送到汽车旅馆，这样的反差画面着实令人忍俊不禁。

如今周儒欣讲起这件趣事笑谈时道："早知道人家这么重视，就豁出去了，住好一点，也让人家看得起咱们。"话虽如此，其实他明白人家看重中国代表团的并不是你住什么酒店，而是你在中国有怎样的事业。

考察团一行首先把美国所有的 GPS 公司几乎全都看了个遍，包括当时比较知名的精密测量公司、芯片公司和运营服务公司。最后一站，则是位于美国加州圣迭戈市的高通公司总部，在这里参观了高通公司 OmniTRACS 的运营中心。

高通公司的 OmniTRACS 覆盖美国本土，注册用户已达 30 万，每位用户平均每年服务费约 600 美元。仅此项系统就为高通公司创造了至少 1.8 亿美元的收入，盈利能力十分可观。而让周儒欣大受启发的是，运用 OmniTRACS 能够使一个运输公司的监控与管理中心只用安排很少的员工就可以同时监管几百辆车，包括车的装货、卸货、运行等情况，都可以从监控系统实时掌握。

在与杨长风的交流中，周儒欣了解到中国正在研制的北斗卫星导航系统的基本情况，其间发现 OmniTRACS 系统的功能与北斗卫星导航系统的功能极为相似，并且 OmniTRACS 系统的容量仅为北斗卫星导航系统的1/10～1/8。

这个数字，在当时已经让人热血沸腾了，不仅周儒欣激动万分，整个考察团也是欣喜若狂，那一天彻夜未眠。大家一致认为，"北斗一号"系统将大有应用前途。

> 这是一次让周儒欣坚定思想的出境之旅。事实告诉他，不走出去，仅凭坐井观天是难以成事的，只有走出去才能找到差距，认识到自己的不足，找准自己发展的方向，让自己的梦想连贯、清晰。这次考察应该是周儒欣真正瞄准了北斗系统的产业发展，并且勾画出胸中蓝图的重要里程碑。

第三章

"北斗梦"拉开帷幕

借船下海，从代理外国产品开始

回国之后，周儒欣开始密切关注"北斗一号"，并积极筹划联系切入"北斗一号"的各项工作。他当时就给国防科工委的领导写了一份报告，在这份报告里，周儒欣谈到了未来企业经营的一些思路，更重要的是提出了要建立"北斗一号"应用推广中心。当时，周儒欣此举无非是想投石问路，探讨"北斗一号"推广应用的可行性。

不过，要切入"北斗一号"业务是一个漫长而艰辛的过程，不是立竿见影就能看到效益的，周儒欣不能被动地等，他还需要做些别的业务，来维持公司的运转。

自1994年，GPS业务在中国刚刚开始，当时著名的天宝（Trimble）公司、阿什泰克（Ashtech）公司、诺瓦泰公司在中国差不多都有了代理公司。由于国内市场对国外GPS的需要，这些代理公司都或多或少实现了盈利，这让周儒欣更加坚定了自己的发展道路。1998年期间，京惠达与总参谋部测绘局及总装备部都有过良好的合作，公司的业绩也因此呈现平稳上升的状态。然而，周儒欣并不满足，他知道做代理还要走一条引进、消化、吸收、再创新的业务路线，只有这样才能缩短中国与国际的差距。

> 回过头来看，如果一上来就做北斗系统，天时、地利、人和还不成熟，可能就做死了，先代理外国产品，是周儒欣非常重要的"顺势而为"的创业方法论的体现。

1998年，加拿大诺瓦泰公司的中国代理商更迭，便找到了当时在业内小有名气的京惠达谈代理合作的事宜，这对于京惠达的阶段性发展至关重要，因为诺瓦泰公司是精密全球导航卫星系统（GNSS）及其子系统领域中，处于领先地位的产品供应商，是一家在美国纳斯达克挂牌上市的公司，同时也是著名的GPSOEM产品制造商。对于一心想要发展中国卫星导航事业的周儒欣来说，自然是不可错失的良机。

在与诺瓦泰代表的合作会谈中，双方均保持着相互促进、相互学习的态度，在这种坦诚友好的基础上，谈判进行得非常顺利。周儒欣的诚意打动了所有人，他也靠诚信站稳了脚跟。当年10月30日，周儒欣与诺瓦泰的全球销售副总裁Graham Purves先生在北京中航科技大厦签订了京惠达作为诺瓦泰中国唯一代理的备忘录。12月3日，双方又签订了京惠达作为诺瓦泰中国代理的正式协议。从此，与诺瓦泰合作的业务，就成为京惠达发展的重要支柱之一。

与诺瓦泰签署"中国唯一代理"协议，左为周儒欣

诺瓦泰的代理业务一做便是十七个年头，期间共同经历的风风雨雨，无论从技术方面还是市场开拓方面，双方都已经步入了十分默契的阶段。然而，在当时合作的初期，作为国内唯一代理商的京惠达却缺少一个掌握 GPS 技术的人才。恰好在这一节点，行业内举办了一次展会，作为行业内交流及人才引进的平台。就在这次展会上，遇到了撞上门来的人才。毕业于武汉测绘科技大学、后来成为北斗星通总裁的李建辉对京惠达产生了浓厚的兴趣。

李建辉，1972 年出生，本科毕业于武汉测绘科技大学，后来取得清华大学测量工程硕士学位。

现在的李建辉中等身材，两鬓略染风霜，眼神明亮，动作矫捷，宽厚随和。当年他还是个小伙子，由于测绘领域是当时最早一批接触美国 GPS 应用的专业领域，作为学测绘出身的李建辉，对美国 GPS 技术格外关注，甚至毕业设计都与 GPS 相关，他感觉卫星导航技术在未来的发展前景是极其可观的。当看到京惠达打出"导航仪"的招牌时，李建辉不禁眼前一亮。这在 1998 年以前是非常创新的，这也正是京惠达在国内率先研制的。

拥有测绘专业背景的李建辉，之前所从事的工作与高精度卫星导航相关，比如测绘、修路、架桥等，精度都在毫米、厘米级别，看到京惠达的"导航仪"理念，仿佛找到了知音。这个产业会有更为广泛的应用，市场潜力极大，于是当即拿了一张公司名片，写了一封求职信，向公司表达了自己对于卫星导航技术应用的浓厚兴趣，愿意为京惠达公司奉献一己之力。

就在京惠达亟须相关人才的时候，人才便自己找上了门，这样的机缘巧合周儒欣怎能错过。于是，他很快便将李建辉招纳进来。李建辉回忆，当时刚到公司，他还不熟悉要干什么，周儒欣就组织全体员工让李建辉给大家做技术培训。从李建辉的角度来看，进入公司不久，便得到了如此重视，心中也暗下决心要在京惠达好好干下去，为了公司的发展尽自己之所能。

周儒欣虽然一心想要做好 GPS 的应用，但公司内部其他元老的意见并不统一，而且诺瓦泰的业务在当时并不赚钱。作为同样看重 GPS 应用发展的李建辉却十分理解周儒欣的选择，凭借自己的专业水平，他很快便被周儒欣安排到了诺瓦泰代理业务部门并担任了主要负责人。站在企业发展战略的角度，诺瓦泰业务对于周儒欣来说是至关重要的一步棋，他早已做好了聚焦力量发展诺瓦泰业务的打算，而要走好这步棋，就要用好李建辉这样的专业人才。

当时京惠达与诺瓦泰合作的是其 GPS 差分网络系统。GPS 差分网络系统解决方案，一方面依托诺瓦泰公司国际领先的 GPS 差分技术优势，一方面融合了京惠达公司多年来在国内 GPS 技术领域实践经验的积累和对中国行业应用的深刻理解，向用户提供高精度的导航定位差分改正信息，还给用户提供定位系统的完好性和可靠性信息，确保用户使用安全可靠、连续完好的导航定位数据。这一优势让周儒欣和他的公司很快在这一领域取得了销售的快速增长，这为之后北斗星通的成立，打下了基础。

与诺瓦泰的合作，对于京惠达的发展有着两个重要的意义：第一，京惠达在与诺瓦泰的合作中，就卫星导航事业的发展与诺瓦泰的先进产品和运营模式正式接轨，这也意味着京惠达向着更加良性的方向进行着商业运作；第二，诺瓦泰是京惠达管理实践的标杆，通过与诺瓦泰的合作，京惠达也学习到了一整套现代化的科学管理经验，使得公司内部运转更加标准化，从而提高了工作效率，减少了运营成本。

股份制改造，被迫出局

正当京惠达公司逐渐步入正轨之时，国家政策发生了变化：1998 年 7 月 22 日，中央做出关于军队、武警部队和政法机关不再从事经商活动的决定，要求军队、武警部队、政法机关及所属单位办的经营性公司要认真进行全面清理；这些公司与军队、武警部队和政法机关要尽快彻底脱钩；今后军队、武警部队和政法机关一律不再从事经商活动；国家财政对军队、武警部队和政法机关履行职能要给以必要的经费保障。同年 10 月，中共中央、国务院、中央军委在北京召开了军队、武警部队和政法机关不再从事经商活动的工作会议，着重对下一步企业的撤销和交接工作进行部署。据统计，1998 年全年军队、武警部队和政法机关共撤销企业 19241 户，移交 6491 户，解除挂靠关系 5557 户。

就这样，所有的军办企业限期移交地方，在军办企业工作的军人无论职位和学历高低一律就地转业。于是，1999 年 4 月，周儒欣领了 1 万多元转业费，到北京朝阳区安贞里派出所办理了北京市居民身份证，从一个中校军官成为一个北京市民，迟家升等军人也都转业成为一名北京百姓，这些人再也没有军队的依靠和赖以生存的工作平台，未来的生活完全依靠自己。京惠达公司也作为中国远望集团公司的子公司一并移交给了中国航天科技集团第一研究院。

历经此番"折腾"，公司核心员工纷纷有了自己的想法，公司内部风气转向萎靡，1999 年，公司发展陷入困境。周儒欣在此时仍然一心想把京惠达公司继续做下去，尽管当时也有人劝他辞职，但周儒欣作为京惠达的创始人和法定代表人，他说："要走你们走吧，我是不能走的。"

然而没有预料到的事发生了。2000 年 3 月的一天，中国远望集团公司的新东家、中国航天科技集团第一研究院的领导听取二级公司以上单位的汇报，当周儒欣汇报到京惠达公司正在进行股份制改造时，时任远望集团代理总经理的领导却突然要求周儒欣停止工商变更登记，并派人收缴了京惠达公司的公章和财务章。这件令人匪夷所思的事来得过于突然，使得外表温和却内心刚强的周儒欣感到莫大的委屈，眼泪也止不住在眼圈里打转。

处于万般不解与痛苦中，周儒欣最终还是选择递交了辞职报告。

此时的周儒欣不是心甘情愿的，而是彻底被一脚踢到了海里。原来，哪怕下海，在心理上还感觉有个"娘家"，有个避风港，现在无异于孤筏重洋，如果还想继续干北斗事业，必须从头开始，重新创立一个独立的民营企业。

置之死地而后生，北斗星通成立

离开了这个自己一手参与缔造、从零开始打拼了六年多的京惠达，同时也早已失去了军队的待遇与生活保障，接下来的生活要如何继续，前进的方向又在哪里，未来何去何从？37 岁的周儒欣，陷入了极度的困惑之中。

> 其实回头来看，这次"打击"，又何尝不是一次命运的祝福，在关键的时候被踢了一脚也是被推了一把，真正破釜沉舟，周儒欣那份追求梦想的劲头不但没有被现实击垮，反而绝地反弹，在不久的未来，散发出了耀眼的光华。

凭借着对国家卫星导航事业的理解，凭借着此前六年的商业经验，周儒欣找来了李建辉，和他商量起了创立新公司的打算。"买卖好做，伙计难搭"，对于想干一番事业的人而言，找到一个同甘苦共命运的合伙人，其意义更甚于找一个终身伴侣，因为它关涉着"大家"，甚至关涉着"国家"。此前的京惠达公司进行股份制改造时，几乎一半以上的员工都被列为股东，成了新形式的大锅饭，麻烦不断。周儒欣很好地借鉴了这个经验教训，只选择了年轻的李建辉作为合伙创始人。

当时的李建辉，刚来公司两年，就是一个小部门的经理，在公司内部还有很多资历比他老的领导。周总突然找他来谈合作成立公司，让他颇感意外。在疑惑与惊喜中，李建辉一口答应，并开始积极筹备新公司的创立。

　　为什么选择与李建辉合作？李建辉自己也不知道这个谜题直到多年以后才得以破解。原来，2000 年，周儒欣曾与一位业内人士聊天，两个人关系很好，便说了一些真心话。那位业内人士谈到京惠达公司内部很混乱，很多人的目标迷离，找不到发展的方向，加之公司效益不好，直接影响了个人收入，于是很多人便找到这位业内人士，在京惠达内部做起了窜货。当时一台手持的 GPS 要五六千块钱，随便倒卖出去一台便能有两千多块钱的赚头。周儒欣得知此情大为震惊，赶忙询问都有哪些员工有这样的行为。这位业内人士当然不能把谁做过这样的事透露出来，只是负责任地告诉周儒欣，他知道有一个人没做过，这个人就是李建辉。

　　周儒欣看重一个人的才华，但更看重一个人的人品。这一次交谈可以说让周儒欣对李建辉建立起了格外的尊重与信任，于是在筹建新公司的时候，他首先就想到了要和李建辉合作。

　　为了给新公司取一个好名字，周儒欣和李建辉查阅字典和辞海，草拟了很多名字备选，如"北京双星导航技术有限公司""北京北斗卫星导航技术有限公司""北京北斗星导航技术有限公司"……"双星"的名字被否，是因为和青岛一家知名的制鞋公司重名，"北斗星"被否，因为早已被一家做汽车的企业注册过了，最后他们在北斗星后面加了一个"通"字，结果一切就"通"了。

　　通过北斗，周儒欣和李建辉把自己的命运和国家的命运紧紧联系在了一起。他俩还为这个初生的公司设计了一个让人过目不忘的 LOGO——那个勺形的大熊星座。LOGO 底色为高科技蓝，最外层是一个 C 形的半圆，既代表着中国—China，也代表着通讯—Communication，中间的球形代表着地球，而北斗七星正好覆盖在"地球"上空，意谓"古有指南针指路，今有北斗星通导航"。中国以"北斗一号"卫星的发射开启了卫星定位系统的新纪元，"勺星"则成为"北斗星通"的耀眼标识，"斗柄东指，天下皆春"，恰切地诠释了北斗星通将卫星定位系统推广应用乃至从军用转民用的历史使命。

《道德经》里有句话，"无名，万物之始，有名，万物之母"，东方的早期智者对事物的命名慎之又慎，因为命名就意味着诞生，意味着有形世界与无形世界的密切关联，也意味着事物创始之初，人的智慧能力所能施展的水平，所能触及的未来图景。

李建辉回忆："这名字就像是父母对于孩子寄予什么期望一样，起这个名字的时候我们就是想推广北斗，认为这是一个非常好的发展方向，不管是对个人、对企业还是对国家都有好处。从现在来说，感觉取北斗星通这个名字挺好，经得起时间的考验，现在看来是挺成功的。"

北斗星通带有一种雄奇浪漫的美感，它携带着古老传统中的北斗文化信仰，又透射出意气昂扬的现代科技趣味，还挥洒着"敢叫日月换新天"的激情和壮怀。而且这个名字，把企业的命运和中国的北斗事业紧紧地联系在了一起。

2000 年 9 月 25 日，北斗星通公司成立

2000 年 9 月 25 日，北京北斗星通导航技术有限公司获批。9 月 29 日李建辉从工商局领回营业执照的那一天，正好是他的生日。

因北斗而生，伴北斗而长

2000 年 10 月 31 日，中国发射了第一颗北斗导航试验卫星，定位于东经 140 度的新几内亚岛上空，处于北斗七星所在的大熊星座的最东面，这颗卫星被命名为"北斗一号"。两个月后，第二颗北斗导航卫星发射成功，定位于东经 80 度的印度洋上空，处于大熊星座的最西面。这两颗静止卫星构成了中国自主卫星导航的"北斗一号"双星定位系统。

北斗是一件国之利器，国之利器就应该掌握在君子手中。对于生活在传统价值观念当中又深怀抱负的周儒欣而言，北斗将是他一生悬命的志业所系。所以，北斗升空的消息带给周儒欣的激动和兴奋，难以言喻。

新公司成立，便开始了总体的规划。除了做诺瓦泰的相关业务以外，周儒欣还想起了 1997 年 9 月份对美国的那次考察，特别是对高通公司的 OmniT-RACS 的认识。以往的这次经历再次燃起了周儒欣的雄心。他首先找到 1997 年考察美国后给原国防科工委机关的《赴美考察报告》，在报告的八条建议中，有两条建议尤为重要，一条是建议北斗一号应该对民用开放，具体建议是成立北斗一号应用推广机构；一条是建议在生产经营方面要对 80 年代后期和 90 年代初期到国外留学人员给予高度关注，他们是中国高科技企业向世界水平进军的重要力量。

在此，我们有必要回放一下"北斗一号"系统。

"北斗一号"卫星定位系统是我国自主研发、利用地球同步卫星为用户提供全天候、区域性的卫星导航系统。该系统最大的意义就在于能够快速确定目标或者用户所处的地理位置，并向用户及主管部门提供相关的导航信息；同时，它还能够在用户与用户、用户与中心控制系统之间实现双向简短数字报文通信；且由中心控制系统定时播发授时信息（"授时"即每天在一定时间用无线电信号报告精确的时间），为用户提供时延修正值（"时延"指从说话人开始说话到受话人听到内容的时间）。"北斗一号"卫星导航定位系统，在技术上不受通信信号和空间距离的影响，甚至可以通过一台主指挥机进行卫星定位，便可连接多部类似手机的"北斗一号"终端机，每一部终端机在每一次的通信编写中最多可输入120汉字、210字节的短信发送到指定手机上，这一功能非常有利于震灾区等相关救援信息的传递。北斗一号系统拥有短报文通信、定位和授时三大功能，也被惯称为"双星定位系统"。这一概念是由已故著名科学家陈芳允先生最先提出的。周儒欣在20世纪90年代曾到陈先生家中请教过"双星定位系统"有关问题，陈先生的结论是，"北斗一号"系统是一个起点很高的卫星导航系统，其潜在实力强大，而我们正在建设的北斗一号系统的工作原理与其完全相同。

"北斗一号"的成功发射，使我国自此逐渐摆脱对美国GPS定位系统的依赖，保证中国在经济、军事安全应用上迈出了第一步。"北斗一号"导航系统的研制成功，则标志着我国打破了美、俄在此领域的垄断地位，解决了中国自主卫星导航系统的有无问题。它是一个成功的、实用的、投资很少的初步起步系统，同时对国内民用市场中GPS的广泛使用并不排斥。相反，在此基础上还可以建立中国的GPS广域差分系统，可以使受SA干扰的GPS民用码接收机的定位精度由百米级修正到数米级，更好地促进GPS在民间的利用。正是这样一种包容并蓄的态度，使得北斗系统的民用化推广成为可能。

然而，"北斗一号"能顺利地转为民用吗？国外的留学人才能回到中国，为中国的高科技企业服务吗？我能创建一个自己的公司做北斗应用服务吗？这些问号，在周儒欣的脑海里不停地盘旋着。

从 2000 年 3 月到 9 月，周儒欣用了将近半年的时间走访了"北斗一号"相关专家学者和机关领导，做了大量的调查研究工作。那时"北斗一号"的建设主要是由总装备部航天局和总参谋部测绘局负责，他拜访了相关领导和专家。原来在"北斗一号"系统规划时，目的就是军民共用的系统，只是对民用没有具体的计划、相应的配套政策和配套的经费支持。当时"北斗一号"计划于 2000 年 10 月和 12 月发射 2 颗工作卫星，主要有两个考虑，一是先把系统建成并能正常工作，二是先在军队应用。周儒欣在与"北斗一号"相关科研人员沟通中，发现这些人员充满着建设激情、热情和奋斗精神，他们为建设涉及国家安全的重大基础设施和体现国力的"北斗一号"感到无比的自豪和光荣。同时，他们对周儒欣提出"北斗一号"对民用开放的想法也表示出极其一致的认同。

这样，周儒欣才做出了一个成就他未来事业轨迹的决定，创建一个专业从事北斗应用推广与运营服务的公司，这也是中国第一家专业推广北斗民用的公司。多年的阅历和知识积累，包括那次访美种下的梦想种子潜移默化中发挥了作用，这个选择将在未来改变他的命运，也改变一群人的命运。

从体制中真正跳出来，是令人不舍的，但这一次痛心的风波既是一次挫折，同时也是一个机遇，让周儒欣真正地独闯商海，一个通向导航定位事业的"北斗梦"也随之破土萌发。

周儒欣的创业故事讲到这里，又让人不禁联想起多年后北斗星通高度提炼出来的企业文化："诚信""务实""坚韧"。对比周儒欣的创业故事，这是鲜活的印证和精当的概括。当年在建立京惠达初期最艰难的时刻，他硬着头皮也要守住公司信誉；而每一次的人生选择，务实的精神总能让他在循规蹈矩的保守与铤而走险的激进之间拿捏住分寸，每次都比别人看得远那么一点点，每次都领先半步，成了他的处世哲学；在温和沉稳的性格下，他又以十足的韧劲抵抗着各种挫折和重压，再苦再难也不轻言放弃；为了实现自己的理想，他有着孤注一掷的魄力和勇气。不得不说，周儒欣的精神与品质形成了他独特的人格魅力，他所践行的"诚信""务实""坚韧"，也深深地感染着和他一路同行的员工们。

　　企业文化的树立与落地，是一个漫长的探索和互动过程，而领导者的以身作则、率先垂范，一点也不亚于宗教概念里的"道成肉身"。

　　"诚实人"的故事还将在北斗星通的发展征途中延续。

脚踏实地，
创业的黄金十年

21 世纪的最初十年，是"改革开放三十年"的后十年，也是北斗星通创业的黄金十年。沧海横流方显英雄本色，在这个人人寻求社会变革的大时代，那些气度非凡、灿如星辰的商界领袖，器局直指天下，无不让我们为这段"凡有血气，皆有争心"的峥嵘岁月，深深沉醉。这期间的"北斗梦"，毋宁说是一个"英雄梦"。

第四章 | 拿下梦想的第一块
　　　　| 牌照

中关村成隆兴之地

中国几乎没有人不知道中关村。那是一个神奇的地方，从一个充斥着三轮车、盒饭、货箱的 IT 产品大卖场，成长为中国企业史上最耀眼的地标。

改革开放三十多年来，在这片创业沃土上，诞生了一大批全国乃至全球知名的品牌。联想、四通、方正，这些中国高科技企业的先驱都在这里诞生；柳传志、段永基等今天已成为中国企业界教父级的人物，在这里做成了第一单生意；新浪、百度等中国互联网巨擘的故事也从这里展开。

中关村管委会主任郭洪曾说："中关村是硅谷唯一的竞争对手。"

2000 年，中国正在积极申请加入 WTO，创业板也在热烈酝酿中，互联网为主的民营经济热火朝天。此时的中关村，更是龙蛇乱舞，互联网泡沫裹挟着一大批创业者平地升天，也在破碎时让许多人重重地跌落下来。经过多年的军队历练、6 年的商业实战以及半年的周密调研，周儒欣已经对北斗系统面临的宏观大势和微观动态洞若观火，坚定了以导航定位事业为毕生志业的信念。就在这一年的 9 月 25 日，"北京北斗星通卫星导航技术有限公司"在北京市中关村地区注册成立，成为中国最早从事导航定位业务的专业化公司之一。新公司像一叶扁舟，驶入中关村的创业热潮中。

周儒欣是法定代表人兼总经理，他和李建辉两个人一共凑了 60 万元，作为新公司的注册资本，公司工商注册号为 1101082168906。在周儒欣看来，60 万元的注册资本和 906 的注册号是非常吉利的数字，都给了他积极的心理暗示。营业执照拿到了，尽管经营压力马上如泰山盖顶，他仍然觉得有一种喜悦。

从 1983 年入伍到 1999 年转业，是周儒欣没有想到的，后来很被动地从自己一手参与缔造的京惠达公司辞职，也是他从来没有预料到的，可以说，他其实是被时代的大潮裹挟到了人间，又凭着"置之死地而后生"的勇毅，带领他的队伍，冲击新的浪潮之巅。

这一次北斗星通的创立，不同于当初在沙钰董事长支持下缔造京惠达，而是胆大心细步履稳健的谋定而后动。如果说京惠达是一颗没有顶破体制硬壳的种子，那么北斗星通就是一颗完全在体制外萌生的种子。它伴随着周儒欣的个人命运，伴随着国家正在建设的"北斗一号"卫星导航系统，伴随着一个无限开阔的北斗应用领域的行业前景而萌发。在波诡云谲的创业大潮中，它因为充满历史意义，令周儒欣再一次热血沸腾。

15 年后，北斗星通集团的体量已经很庞大，业务多元，事务繁杂，正处于一个蓄势待发的战略意义上的风口上。一次我们交流，周儒欣翻出自己当年写的商业计划书时，还不禁为其中用心精到之处，难得地颇有几分得意的赞叹——他自己很多十几年前的想法，现在看来都是正确的。

商业计划书是"梦想宣言"

就像罗宾逊夫人那个因为被科斯在《企业的性质》一文中引用而倍加出

名的比喻所说的，企业是市场这一"无意识合作的大海"中"有意识力量的小岛"。对于周儒欣来说，从军人到企业家的转身，有一个顺理成章的前传，也有一番火花四溅、左冲右突的探索。

创业之初，周儒欣为北斗星通撰写了一份近5万字的商业计划书，这也是他至今引以为豪的杰作。在这份商业计划书中，他详细地分析了国际范围内卫星导航产业的现状、竞争生态，并据此提出了北斗星通的融资需求、竞争策略和发展路径。

他分析认为，国外的导航定位和通信服务起步不过十余年时间，但成长十分迅速，在2000年整个卫星导航定位行业产值已经达到85亿美元。而我国的导航定位市场还在起步阶段，存在巨大的成长空间，同时又未形成任何垄断型的大企业，因此是切入这一领域的最佳时机。

在周儒欣的规划中，搭建一条完善的基于北斗的导航服务体系需要花费两年时间，前期投入一共需要5000万元人民币，这是北斗应用推广尤其是推至民用领域的基础。换句话说，周儒欣要做的，是一个拿60万元去搏5000万元的生意，这与其说是"计划书"，更不如说是"梦想宣言"。中国企业史上，也不乏有想象力的先驱或者先烈，南德集团以"罐头换飞机"的故事几乎家喻户晓。然而，无论如何，正是"志向"或"野心"投射出一个企业的格局和心胸。

商业计划有了，5000万元在哪里？利用从京惠达延续下来的代理业务自我滚动积累，显然费时费力，周儒欣做了两手准备，在努力开拓原有业务的同时，加紧了对外融资的步伐。在很长一段时间里，他拿着商业计划书到处找"金主"。和马云当年像保险推销员一样到处给人讲什么是互联网类似，周儒欣也经历了到处向人解释什么是导航、什么是北斗的过程。他接触过青岛海信集团，也接触过联想，有些谈得挺好，但到后来都没有什么结果。时值互联网泡沫急剧破裂期，投资人普遍对市场信心不足。业界对北斗产业更是疑虑重重："美国 GPS 在中国市场已经被广泛应用，北斗卫星导航产业化不知哪天才能看得见、摸得着？""北斗卫星导航系统和产业化应用毕竟是两码事，万一以后没有市场，没有效益，你们靠什么生存？"

回过头来看，这就是一种企业家的意志，虽然几乎所有人都不看好北斗，周儒欣认准北斗系统前途的决心却没有动摇。好在 2000 年到 2002 年间，北斗星通的代理业务飞速发展，为后来北斗的民用开发和推广打下了坚实的基础。

下定决心争取北斗"入场券"

北斗星通和那些原来有着各种军队背景或政府背景，但最终顶破了体制硬壳、进入当代商业史并承担起市场使命的企业一样，因市场的不确定性和政策的不确定性，具备了格外丰富的精神文化内涵，也带上了过渡、夹缝、共生、并存的显著特征。

周儒欣后来把"卫星导航产业"的生存发展特点概括为"寄生性、融合性、渗透性"。一位管理咨询公司的朋友则将其概括为"伴生性、政策性和高科技性"。这几个概念纵横交互，充满动感与活力，是对北斗星通的立体诠释。从横向来说，北斗有国内国际两条业务线；从纵向来说，北斗有一条贯穿企业、行业与国家三个层面的管理线。

初期生存，北斗星通靠的是切入北斗导航系统的军用项目研发以及沿袭既往的国际代理业务，之后逐渐走向自主创新，独立承担起民用项目的研发。业务上从军用到民用，民用上从战略突破到战略合围，内部建设上则从管理到治理，乃至光荣绽放到公众视野，创造了"百日过会"的上市奇迹，这个英勇的群体在战略战术上体现出独有的前瞻性、原则性和灵活性。在核心团队成员身上，则不时闪烁出智慧的光华和个性的神采。

为了拿下发改委的项目，时任财务总监杨忠良曾向周儒欣立下军令状；为了抓住一个个关系着企业存亡的机会，周儒欣常常要枕戈待旦，身先士卒，带领团队去排除万难。全新的产业和行业领域，摇摆中的国家政策和市场制度空间，瞬息万变的形势，稍纵即逝的战机，大时代气象磅礴也乱象丛生。谁心里都没有底。这个时代英雄辈出，无数企业更是人才扎堆。

北斗导航系统是军队主导的系统，在民用技术、政策和操作准则等方面都处于空白，如何推动北斗卫星导航系统对民用的开放，是北斗星通团队最早面临的最大挑战。

一些大型国企有先发优势，早已参与了北斗业务，而成立之初的北斗星通，公司员工只有二十来个，障碍重重，实力太弱，如何切入北斗卫星导航系统的民用业务？周儒欣的战略是通过立项先切入军用业务，争取资金，铺设之后的技术基础。他向北斗主管部门领导汇报了"北斗一号"对民用开放和建立"北斗一号信息服务系统"的构想，几位领导听后，一致觉得这是个很有意义的事情，表示非常支持。但立项后是否可以交给北斗星通来做，当时也还是另一回事。但周儒欣下定了决心要参与进去，机会总是属于有准备的人。

人类必须有火，以此开启文明史；人类必须有方向，以此迈向更加光明的未来。为人类盗火，是普罗米修斯的荣耀；为人类找到北，是卫星导航事业的历史使命。

"借北斗千里眼，查五洲经纬事。"在关系国计民生的北斗卫星导航系统总体战略格局中，北斗星通作为一支奇兵劲旅，从争取军队项目开始，从国内到国际，一步步加入到星际争霸的长空搏击中。

光明正大走"后门"

2000 年年初，在"北斗一号"尚未升空之时，周儒欣就组织了专门的论证班子讨论如何更大限度地把北斗系统用好，发挥系统的最大优势，并提出了"推动北斗应用"的建议。"为这事我做了很多年的准备，我是下定决心干这事，我一定干好这事，我相信到目前很难有人有这样的决心，做了这么多的功课，恳请得到几位领导的大力支持。"讨论会上，周儒欣恳切地说。几位领导异口同声地说："这事太大了，必须给更高层汇报。"周儒欣在机关做过秘书工作，也认识"更高层"的首长，只是如果直接去找，他怕自己分量不够，万一被否，更难突破。

"北斗一号信息服务系统"的立项构想确实是一件大事。该系统是指挥机关与北斗一号中心控制系统进行信息交换的技术平台，可满足各级指挥机关和下属单元大规模联合应用北斗一号系统的需要，全面提高集团指挥控制系统的定位保障能力。可以向包括军用和民用的多种集团用户提供数据传输服务，在各种重大军事演习、抗震救灾保障及民用信息服务中发挥重要作用，并推广应用到战备值班和其他保障任务中。

"北斗一号信息服务系统"的具体操作程序是：将用户的服务信息（定位、定时、通信、广播信息）实时采集发送至信息服务平台，由信息服务平台进行用户和指挥所之间隶属关系的判别，将属于指挥所的用户信息按照规定的格式经过单向安全通道后，由出口路由器向指挥所发送。信息服务平台同时将用户的隶属关系信息保存在一个二进制文件中，操作员通过平台监视控制系统，修改该文件从而实现用户隶属关系的注册和注销。

为了"北斗一号信息服务系统"的立项，周儒欣整整琢磨了半个月，最后还是决定去找自己的老首长、国防科工委副主任叶正大将军。

他和老首长之间，是有深刻的情感交流的。不仅仅是人之常情，更是在家国事业情怀上的契合。在 1999 年 1 月，叶将军将离开北京移居广州，1 月 14 日，周儒欣举行晚宴为叶将军送行，很多高级首长都出席了。宴会刚刚开始，叶正大将军突然端起满满的一杯酒，当众说道："这一杯酒，我要敬周儒欣。"周儒欣急忙起立阻止："首长，这怎么能行！"叶将军说道："你听我说，我有话要对几位领导讲。周儒欣是我众多秘书中最优秀的，他很正直，很要强，从来不求人，有难处自己扛，特别是他干了一件让人佩服的事业，推动北斗产业应用，我就要离开北京了，如果万一小周有事找到各位，那是他一定碰到大事了，请各位领导一定帮助，谢谢！"顿时，周儒欣的眼泪唰唰地流了下来……

这一次打定主意去找叶将军，他的心理准备是，"如果叶将军说不干，我就立马打道回府。"

"你这不是明摆着走后门儿吗？都知道你给我当过秘书。"叶将军如是说。

"我特别想做这件事，您也最了解我，我肯定不是走后门的人，我就是想干事。"

"这个事情我不好去说。"叶将军告诉他。

"首长能不能请您听我把话说完，如果我讲完了，您认为没有道理，您批评我，我一定服从。"

"那你说吧。"叶将军最后点了头。

"如果北斗不对民用开放，结果就是死路一条。您看看美国和俄罗斯对待卫星导航系统的政策就明白了。美国的 GPS 之所以发展得好，全世界都在用，就是因为美国的政策对头，对民用开放。而俄罗斯的 GLONASS，没人用，就在于政策不对头，对民用不开放。我们必须要军民结合，寓军于民，必须解决应用问题，必须有人去推动这件事，我乐意做这个。"

周儒欣陈词剀切，志诚动人。

叶将军徘徊良久，问周儒欣："那你打算怎么解决？"

"我们已经研究了很长时间，琢磨了好几个月，而且做了大量调研。"

"你为什么找我？"

"这件事情找别人不合适，我给您当过秘书，只能找您。"周儒欣照实说道。

"我可以试着去跟主管的领导说一下这件事，至于他们同不同意，我就不敢保证了。"

一天，周儒欣接到叶将军的电话："我跟主管领导说过了，他要听你汇报，你赶紧跟他联系。今天是礼拜六，你礼拜一给他汇报。"周儒欣很激动，可是不巧，周一要出国。叶将军嘱咐他："那你现在就先打个电话给他汇报一下。"

战机稍纵即逝。为了准备与主管领导通话，周儒欣独自一人在院子里转了半个多小时。拿起话筒后，他简明扼要，直奔主题："美国 GPS 开放民用后，全世界都在帮着找问题，GPS 也因此不断受益完善。反观俄罗斯 GLONASS 系统的开放程度不高，再加上当时其经济形势不好，系统没人使用，导致军方也不好使用。开放才会有生命力，所以中国的北斗必须开放民用。通过"北斗一号信息服务系统"的立项建设，就可以把促成北斗开放民用的通道建立起来。"

电话汇报是成功的，这才有了后来当面汇报的机会。

"北斗的民用开放后对军用有很好的促进作用，对系统的发展有诸多好处，特别是将来很有可能建立更大系统，探索一些新的应用模式，为未来更大系统的建设提供一些经验……"

2001 年 1 月 4 日，周儒欣当面向北斗主管部门汇报。

为了这次当面汇报，周儒欣做了充分准备并进行了演练。

他让李建辉、胡刚都来听他的汇报演讲，给他打分。

第一次演讲，李建辉、胡刚给了他 50 分，不及格。重来！再来。终于，李建辉、胡刚点头了，说："行！"

正式汇报，精彩，成功。

十多年后，周儒欣对当时场景仍然印象深刻，也非常感激北斗办领导。汇报时，北斗系统主管领导亲自到场，听汇报的还有航天局的局长、总工、副局长，航天研发中心专家等。汇报完以后，主管领导首先讲话，说："这个项目很好，我建议你们航天局立项，先满足军用，民用立项不管了，咱们总装先用。接下来，你们局里说说具体意见。"结果其他参会领导也都认为这个项目很好，大家很快形成共识，并推进这个项目落实。

2001 年 10 月举行立项论证会，顺利完成"北斗一号信息服务系统"的立项综合论证，三位院士参加了论证会。

在整个科研程序中，立项论证会非常重要，也因为准备周密，顺利通过。立项之后就是细化研制的要求。北斗星通承担研制任务。2002 年 3 月份，完成了研制总要求的评审和批复，2002 年年底完成研制。

从 2000 年到 2003 年，通过将近三年的努力，北斗星通终于完成了"北斗一号信息服务系统"的立项和研制工作。项目在 2003 年 1 月 17 日通过了由国家功勋科学家、北斗卫星导航系统总师孙家栋院士为评委主任的评审委员会的验收评审，该项目的研制成功为北斗卫星导航系统的开放民用应用奠定了坚实的技术基础。

2004 年，北斗星通取得"北斗一号"卫星导航定位系统分理服务的第一块牌照

至此，"北斗一号"具备了对民用开放的基本技术条件，随后北斗主管部门积极组织了"北斗一号"对民用开放等相关工作。

"北斗一号"信息服务系统的研制，扩展了"北斗一号"和卫星导航增强系统的服务方式，为民用运营部门通过地面网与"北斗一号"中心控制系统进行信息交换提供了技术平台。其系统技术指标、系统结构、工作原理、技术特点满足了对北斗导航系统民用管理与运营服务的支持，为北斗一号系统民用创造了新的业务模式，是北斗星通公司对"北斗一号"系统开放民用首次规模化应用做出的重大贡献。

与此同时，北斗星通"北斗一号"卫星导航定位系统分理服务资质的申请也取得了重大突破。2004 年 12 月，公司顺利取得了"'北斗一号'卫星导航定位系统"分理服务的第一块牌照——001 号，成为我国北斗卫星导航系统首个位置服务运营商。接着，主管部门也拨付了一定的项目经费，以支持项目的研发。

然而，虽然拿到了第一块牌照，北斗一号作为一个刚诞生不久的导航系统，其民用推广依然充满艰难险阻，北斗星通在 2006 年才做成第一单真正具备市场意义的北斗业务。

在此之前，周儒欣满脑子想的都是如何让刚刚成立的北斗星通生存下来。

第五章

从 0 到 1 到底有多难

大港油田，实现"0"的突破

北斗星通成立了，由于 1998 年 7 月以后"军队不得经商办企业"的重大决策，期间原京惠达二位副总带着部分核心员工分批离开，周儒欣独设公司，新公司的生存十分艰难。

新公司就沿着周儒欣原来从京惠达阶段开启的 GPS 业务线，顽强地生存了下来。

人们回忆，那时候很长一段时间内，周儒欣脸上都见不到一丝笑容。李建辉说，创业初期，他最怕的就是月末，因为月末公司发工资，一发就是好几万元，而公司的注册资本一共才 60 万元。每到发工资的时候，公司的财务人员就要催他：李总，快去收一点应收账款，不然又发不出来工资了！

更艰难的是，公司的销售很受掣肘，因为当时的北斗星通对诺瓦泰产品的把握仍然不到位。根源在于 GPS 产品作为典型的高科技产品，其应用十分广泛，但同时又十分复杂。

为了更好地理解 GPS 这条业务线，我们必须把时间拉回到 1998 年。正是在这一年，周儒欣主持的京惠达公司与国际 GPS 业务的巨头诺瓦泰签订了唯一代理协议，代理协议政策是这样的：要想成为唯一代理，首先要订下 20 万美元的产品。

当时的公司并未有任何现成的客户，但由于看好 GPS 应用市场，周儒欣还是硬着头皮吃下了这 20 万美元的产品。1998 年年底，20 万美元的诺瓦泰板卡到货，而公司那时还几乎没人能完全明白其工作原理。

"就是在这种似懂非懂的情况下，我们就开始销售了。"公司创业时期主管销售、同时也是北斗星通七位发起股东之一的杨力壮这样描述。杨力壮在大学学的是测绘专业，1998 年因机缘巧合应聘到了京惠达。他本来应聘的是技术岗，但由于创业公司职位分类并不是那么清晰，他作为技术人员也要冲到一线去进行销售。就在销售过程中，杨力壮的销售天赋被发掘了出来，此后便一直作为销售队伍的"尖刀"冲锋在前。他体貌敦实、个性开朗，言谈举止中有一种拙朴又皮实的气质，好像传统家庭中那种最可信靠的壮年男丁，有使不尽的力气，用不完的热情。公司上下乃至客户同行，很多人都亲切地喊他"大壮"。

为促进销售，周儒欣开始连续在《中国测绘报》上做诺瓦泰产品的广告，包括 OEM3 板卡和测量系统产品。但是半年时间过去了，却只见诺瓦泰的产品广告，不见诺瓦泰的产品销售。公司其他人坐不住了，建议周儒欣停止在《中国测绘报》上的广告，但周儒欣还是坚持继续宣传，他相信硬着头皮坚持下来就有希望。

正当公司上下为这 20 万美元的产品发愁的时候，一个很好的机会悄然而至——天津大港油田主动联系京惠达，希望获得 GPS 应用方面的产品和技术支持。

大港油田项目作业现场

不熟悉石油开采流程的人可能不了解石油开采会与 GPS 发生什么关系。简单来说，油田在"钻井"之前需要对其中的油气数量、质量进行评估，因此要在油井周围打一圈探测点。同时，这些探测点不是随意打的，其位置、方位都是有讲究的，需要通过 GPS 进行高精度测量。

可以说，这是一个 GPS 测绘的典型应用，对于正为产品销售发愁的京惠达来说不啻于一个天赐良机。周儒欣对此自然十分重视，他派了李建辉亲自到天津给客户演示诺瓦泰产品，同时派杨力壮为客户做技术培训。有意思的是，给客户做培训的杨力壮自己都还没完全弄明白自己的产品，只好抱着诺瓦泰给的英文操作手册一边学一边教。

最困难的是，诺瓦泰产品人机交互界面的设计类似于电脑的 DOS 系统，指令的操作都要靠手动输入字符串，这也让英语水平有限的杨力壮感到非常吃力。

这样的销售十分笨拙，但创业艰难，活下来是首要的，这个阶段，生存本身就是壮举。

最终，团队还是靠着认真负责的态度和坚韧的努力，拿下了大港油田的业务，实现了一个行业的业务突破。

这次业务突破，意义重大，直接牵引出了后来北斗星通的 GPS 业务线。

板卡销售成了"现金牛"

测绘，是指对自然地理要素或者地表人工设施的形状、大小、空间位置及其属性等进行测定、采集。

在 GPS 产品传入中国初期，基本都是以测绘领域的应用为主。当时的测绘应用系统价格非常昂贵，一套产品能卖出上百万元的价格，只有电力、石油等大型国企才用得起。

周儒欣的团队在大港油田做成的第一单业务，也是属于测绘应用的范畴。这次业务突破让北斗星通看到了希望，也自然而然地将测绘应用当作一个重要的方向来探索。然而，在探索的过程中北斗星通发现，自己的市场方向可能出现了偏差，之所以出现偏差，是因为自己对诺瓦泰产品的理解不够深入。

用计算机行业来类比的话，诺瓦泰产品更类似于英特尔（Intel），而不是惠普、联想。

在计算机领域，一块英特尔的电脑芯片（CPU）可以应用到惠普、联想等各种类型的终端机里。与之类似，一块诺瓦泰的板卡也可以应用到测绘、农业、渔业、林业、导航等各种应用系统的终端机中。也就是说，诺瓦泰板卡在产业链中的位置比终端应用更高一级，而诺瓦泰也一直以成为导航定位产业中的英特尔而努力，因此它的产品以高品质、稳定、全面为主要目标，用一句流行语说就是"高、大、全"，这样才能更广泛地适应各个领域终端的应用。用北斗星通后来总结的话说就是，诺瓦泰做的其实是"B2B"业务。类似于"Intel Inside"，北斗星通建议诺瓦泰起了一个广告词，就叫作"NovAtel On Board"。

因此，北斗星通拿诺瓦泰的产品去主攻测绘领域，就相当于拿着"Intel Inside"的CPU去"攒"一台电脑。实际上，这个"攒"字用得一点都不夸张。在创业初期，北斗星通的测绘产品确实是自己"攒"出来的——除了核心的板卡，其他部件，包括电池、仪器箱、三脚架乃至数据采集软件等，都是自己买来现组装的。因此，我们可以把当年的北斗星通的商业模式理解为中关村一家靠攒电脑为生的小商家。

然而，当时国外的竞争对手——包括天宝、徕卡、阿什泰克等——已经远远走到了前面，它们在测绘领域的终端早已做到了一体化，操作非常方便。同样拿计算机类比，天宝、徕卡等国际巨头们的测绘仪器已经变得像惠普、戴尔等品牌电脑一样整洁，板卡、声卡、CPU都包装在非常好看的主机箱里，而北斗星通的产品还像没有外壳的组装机一样，要到客户现场进行组装、调试，数据线散落一地。也就是说，北斗星通在用组装电脑和惠普、戴尔等品牌商进行直接竞争，产品上的差距以百里计。

我们很难想象，北斗星通人是如何在这样大的劣势下，还能在国内市场占据一席之地。事后他们总结起来，还是离不开"诚信、务实、坚韧"这个一贯的价值观。虽然产品样子差一些，但北斗星通的销售团队诚恳、耐心、认真，为客户负责到底。比如拿下大港油田项目之后，负责技术的杨力壮背一个背包反复在京津之间来回穿梭，为客户解答技术问题。按他自己的说法，就是在那时候把开车练熟了。

随着对诺瓦泰产品理解的深入，以周儒欣为首的公司高层还是认为，这种硬碰硬的竞争方式虽然能够生存，但并非长久之计，于是决定适应诺瓦泰产品的特点，转变发展思路，将目标市场转移到高校、军工院所、航空航天等领域。因为这些领域的终端应用更为复杂、细致、个性化，而诺瓦泰的产品提供了丰富的二次开发界面，非常适合这些机构。

靠着对产品理解的深入和强有力的销售团队，北斗星通终于在板卡销售上站稳了脚跟，这一业务也一直作为北斗星通的"现金牛"，有力地保证了公司的发展。

"用户前台"：周儒欣的产品创新观

2003 年 11 月，当北斗星通携 RT2S 卷土重来的时候，中国的测绘行业被搅了个天翻地覆。

北斗星通在 2001 年后逐渐减少了在测绘终端上的开拓，而是把主要精力放到了产业链的更高层面。在这期间，国内也有一些测绘行业的从业企业渐渐发展起来了，包括后来成为北斗星通主要客户之一的中海达。

类似中海达这样的企业，原来的操作方式也与北斗星通类似，靠购买国外公司的板卡，然后"攒"出一套系统，卖给国内的客户。这样，北斗星通成了中海达这些"集成商"的供应商，产品就是诺瓦泰的板卡。靠这一转型，北斗星通在 2000—2003 年实现了非常快的业务增长。

好景不长。2003 年，北斗星通的诺瓦泰业务遭遇了重大危机——美国一家名为 JAVAD 的竞争对手推出了与北斗星通拳头产品类似的板卡业务，而且他们的价格更为便宜，这一下子就削弱了北斗星通的竞争力，中海达等几个大客户纷纷表示要更换供应商，诺瓦泰的产品一下子滞销了。2003 年下半年，大约有100 块板卡无论如何都卖不出去了，北斗星通的现金流面临着很大的压力。

期间有一次，周儒欣约上李建辉在翠宫饭店谈了一整天。周儒欣告诉李建辉："这 100 块板卡无论如何都要卖出去，有招吗？"

两个男人沉默了半天，李建辉摇摇头："没招。"

周儒欣说："明天你得去广东待着。"广东是北斗星通大客户中海达和南方测绘的所在地。

紧接着，周儒欣又问："2004 年的第一季度末能卖完吗？"

李建辉不吭气，周儒欣也不说话，两人就这样闷坐良久。

北斗星通走到了非常危险的边缘。

周儒欣想，坐着等死肯定不行，还是要到客户那里去，多去"磨"几次，说不定能有转机。

正所谓"危中有机"，周儒欣在跟南方测绘当时的总经理郭四清讨论的时候发现，有一款叫 RT2 的产品具有很大的降价空间。

当时这一款产品在国际市场上的公开报价是 9000 美元，北斗星通在国内的售价大概在 10 万元。南方测绘、中海达用这款板卡做成的测绘终端则可以卖到 15 万元以上。然而 JAVAD 的产品进入后，10 万元的成本价就显得太贵了。因此，南方测绘总经理郭四清就向周儒欣提出，RT2 这款产品在很多功能上指标做得太高，其实是浪费了，你们能不能把指标降下来，然后把价格做到 10 万元以内。

危中之机，稍纵即逝。周儒欣敏锐地抓住了这个机会。他仔细研究了 RT2 和市场需求之后发现，确实存在这个可能。

诺瓦泰的市场战略是"NovAtel On Board"，因此在产品功能上追求的是"高、大、全"，这样它的板卡既能用在测绘上，又能用在航空上，而测绘的许多指标需求显然比航空低得多，比如在输出频率上，测绘行业只需要 1Hz，即每秒输出一次采样数据就够了，而 RT2 则可以达到 20Hz。如果能将这些指标降下来，的确会极大地降低产品价格。

然而，这个请求遭到了诺瓦泰的反对。作为一家成熟的全球性企业，诺瓦泰有着非常稳定的全球价格体系，如果降价则会引起其价格体系的失衡。

为此，周儒欣反复跟诺瓦泰沟通，讲述必须降价的理由，在磨碎了嘴皮后终于说动了诺瓦泰高层，同意降低产品指标和价格。

就这样，一款崭新的产品——RT2S 诞生了。S 代表"special"，意思是这款产品是为中国测绘市场专门定制的。

RT2S 以其低廉的价格和极好的适应性迅速打开了国内市场，当年销量便增长了 200%，在国内高精度卫星导航集成市场上的占有率也迅速飙升到 80%以上，北斗星通也成为诺瓦泰在全球最大的分销商，成功缓解了危机。

这一战也让周儒欣意识到了"产品经理"的重要性。在 2004 年，产品经理还是一个不为大众所熟悉的概念，只有在互联网领域的小圈子内被认知。而今天，几乎没有人不知道产品经理。

周儒欣把产品经理的精神总结为"用户前台"，即时刻站在用户的角度思考问题、发现问题、解决问题。其后，周儒欣成功利用这一理念，带领技术团队成功开发了另一款极具竞争力的产品——MINI-WAAS。顾名思义，MINI-WAAS 就是 WAAS 的"缩小版"。通俗来说，WAAS 是一个类似局域网的 GPS 定位增强系统。

GPS 的民用定位精度为 10 米左右，然而许多应用需要更高的精度，那么就需要在地面上建立"差分站"以增强信号精度，WAAS 就是这样一个由多个差分站组成的高级系统，其工作原理和算法亦十分复杂，因此其"CPU"要用到 10 块板卡。周儒欣根据国内市场需求情况，成功地改良了这一系统，减少了核心板卡的使用数量，从而极大地降低了成本。

就这样，北斗星通从纯粹的"卖产品"渐渐参与到了产品的改良和研发，具备了一定的知识产权，其"高科技性"更加突显。

爱拼才会赢，决胜天津港

周儒欣将北斗星通的业务总结为"产品 + 系统应用 + 运营服务"。所谓产品，就是上面所描述的板卡类业务，而系统应用则是产品业务的升级版，是"大活"。在系统应用的范畴中，北斗星通打下的第一个攻坚战，就是天津港。这是一流的决策力与一流的执行力成就的一个业内传奇，也是国内首创。

天津港这一战，令人想起"中兴名臣"曾国藩和李鸿章的津门论道，这师生俩论及的"诚字经"，也成为北斗星通后来引以为企业文化的第一要义。

1870 年，曾国藩被天津教案一事弄得物议沸腾、狼狈不堪，在与李鸿章交接直隶总督一任期间，他曾问李鸿章，与洋人交涉时你当作何主意。李鸿章告之以始终同洋人"打痞子腔"敷衍了事。曾国藩沉吟良久，道："以我看来，还是用一个'诚'字，诚能动物，我想洋人亦同此人情。圣人言，忠信可行于蛮貊，这断不会有错的。我现在既没有实在力量，尽你如何虚强造作，他是看得明明白白，都是不中用的。不如老老实实，推诚相见，与他平情说理，虽不能占到便宜，也或不至过于吃亏。无论如何，我的信用身份，总是站得住的。脚踏实地，蹉跌亦不至过远，想来比'痞子腔'总靠得住一点。"事后多年，李鸿章尚感慨不已："不知我办了一辈子洋务，没有闹出乱子，都是老师一言指示之力。"这神乎其神的"一言指示"就是指曾国藩讲的"诚字经"。

北斗星通天津港一役，不仅展示了"诚字经"的宏旨，也拈住了一个"韧字诀"，就是一股韧劲儿贯彻到底。

天津港是我国最早开展国际集装箱运输业务的港口，由于地处寒冷的华北，冬天下雪时，常会被积雪覆盖住集装箱堆场，现场的工作人员无法凭借肉眼看到相关标志信息。在这种情况下，全港只能停止作业进行清雪。接触过港口作业的人知道，港口业务是非常繁忙的，像"印钞机"一样不停工作，耽误几分钟就是几十万元乃至上百万元的损失，假如扫上几个小时的雪，其中的损失之大不难想象。

对此，天津港高层领导就想，能不能像军队里指挥战斗机编队一样，在控制室里就能随时观测到每个集装箱的位置,这样不就不会因为扫雪导致停工了吗?基于此,3C2S 项目被提出,即基于 3C2S(Computer—计算机,Communication—通信,Control—自动控制,GPS—全球卫星定位系统,GIS—地理信息系统)的数字化监控平台,可以一劳永逸地解决这一难题。打造一个国际一流的集装箱码头,在当时国内还没有过成功解决的先例。

天津港项目作业现场

北斗星通高层听闻这个消息,认为这是一个好机会,于是安排相关人员前去"踩点"。2003 年 10 月,当负责踩点的杨力壮到了天津港码头现场之后,看到像河流一样快速穿梭流动的集装箱,第一个反应是,"要是拿下这个活儿,我们就发了"。他想的是,假如每个集装箱都安装一块诺瓦泰的板卡,那可一下就是几万块板卡的销量,公司自成立至今都没接过这么大的单子。

但是，与天津港主要技术负责人刘振鹏——"刘高工"交流过之后，杨力壮傻眼了。原来天津港不是要买产品，而是需要一个解决方案，一个基于高精度 GPS 应用的系统解决方案，这对国内绝大多数同行来说都是很难想象的。因为大多数企业都是靠卖产品、卖仪器起家的，要解决这样一个复杂的系统难题，真是心有余而力不足。

更严苛的是，天津港提出了"以空间换技术、以时间换价格"的项目策略。所谓"以空间换技术"，指的是天津港独特的招标策略，即国内外所有企业都可以参与尝试系统搭建，天津港全面提供港口控制系统平台、设备和网络，但不做任何资金投入，任何企业只有在一个多月时间内搭建起一个能够运行的系统雏形，才能参加下一轮的竞价谈判。换言之，这一个月时间是一次正式的"预招标"，但假如最后未能参与竞标或者竞标不成功，企业这一个月的资金、人员、设备、研发投入都相当于打了水漂。可以说，这是一个十分严苛的招标策略，许多国内同行知难而退。

周儒欣在与北斗星通高层开会讨论后认为，港口业务是一个极为重要的方向，具有极大的成长空间，中国北方除了天津港，还有其他许多港口正在面临同样的问题，虽然甲方条件严苛，甚至盈利会非常有限，但这个机会不能错过。对此，北斗星通决定将天津港项目当作战略项目来做，只许成功，不许失败。

最终，国内外共有 7 家公司接受了天津港的招标条件。2003 年 6 月，北斗星通接到通知，可参与天津港项目的试验验证演示和投标。但是，竞争非常激烈。7 家公司中包括了芬兰爱维可这样的世界知名公司，还有一些是国内实力雄厚的大企业，而北斗星通只是一个组建了三年的几十人的团队，是其中最弱小的。就这样，北斗星通的技术团队进驻了天津港。

一开始，团队成员还是充满信心的，但当接触到天津港的集装箱码头操作管理系统的时候，还是被当头浇了一盆冷水。天津港的集装箱码头操作管理系统购买自世界知名信息化实施企业 COSMOS，出于知识产权的考虑，COS-MOS 拒绝开放其系统接口和数据库。也就是说，必须在"摸黑"的情况下进行系统的建设、接入和操作，其中难度之大，对计算机稍有了解的人应该都能理解。

更重要的是，集装箱码头操作管理系统是一个港口的"大脑"和"神经中枢"，所有港口信息都要在其中存储、运算、流通，不容许出现一点点的闪失。要是导致系统崩溃，那造成的损失何止以亿元计。因此，天津港方面要求，千万不能用暴力手段去破解港口的"大脑"。可以想象，北斗星通的技术人员必须要非常小心翼翼地进行系统设计和数据获取，避免与"大脑"发生冲突，其心理压力何其之大。

由于经受不住这种压力，当时北斗星通技术团队中一个核心成员提出辞职。为此，周儒欣亲自赶到天津港，请这位员工吃饭，苦口婆心地安慰，但这位员工不为所动，还是辞职了。后来又有一位博士接手了这位员工的工作，但最后也离开了。可以想象，周儒欣在此时承受的压力有多大。员工受不了可以辞职走人，而他是老板，多重的担子都要硬接下来。杨力壮作为团队负责沟通的主力，也受到了甲方很大的压力。天津港的刘高工当时开玩笑地给他起了个外号叫"智多星"——"无用"（吴用）。

周儒欣请出了公司总工——系统集成大师秦加法。

秦加法是一位的天才少年，19 岁大学毕业，在加盟北斗星通之前在航天医学工程研究所任研究员，曾主持设计神舟五号宇航员地面模拟训练仓。2002 年 5 月份受邀加盟北斗星通，任公司总工，也是北斗星通 7 位发起股东之一。

秦加法接手公司的技术团队之后，马上发挥了其专业优势和快速学习能力，迅速扭转了局面。COSMOS 不开放接口和数据库？那就曲线救国，在其系统的数据流出时使用技术手段进行截取，然后自行设立数据库。害怕干扰到主系统？那就在两者之间设置防火墙，然后定期对两个数据库中的数据进行同步，消除数据误差。主系统采用 DOS 系统，无法建立中文页面，那就采取点阵的方式，以图形数据的形式显示中文。

经过近两个月的紧张准备，北斗星通于 2003 年 9 月进行了第一次现场演示。然而由于公司技术实力还是不够硬，在进行现场验证的时候遇到了很大的困难。在离截止时间只有三天时，验证演示系统离客户的要求仍然有很大的差距。

项目组通过分析进展情况和形势，确定关键演示内容，并查找问题，集中攻关，经过近三昼夜的连续奋战，演示系统各部分终于能够联合运行，并展出客户所要求的基本功能，虽然没有完全达到标准，但还是让客户看到了项目组的敬业精神和公司的整体技术实力，因此同意了让北斗星通推后进行再次演示的请求。

北斗星通重新整合队伍，加班加点进行演示系统的研发。2003 年 10 月中旬进行二次演示时，北斗星通在地面模拟演示中取得了成功，展现了客户所要求的所有功能，但在上实车进行测试时却出现了比较蹊跷的事情。当时模拟演示时，放在码头办公楼的窗台上进行实车测试总是可以连接到中心服务器的数据，并总能获取数据的无线终端，而放到轮胎吊上进行实车测试却怎么都连不上该数据库，这意味着公司的第二次演示仍然不能成功。

眼看就要出局，公司项目组一片沮丧。好在，被公司实干精神打动的天津港方面又给了一次机会，允许公司进行第三次演示。

这是绝境中最后的希望，北斗星通不容许再出现任何形式的失败。

经过缜密的研究，公司改变了与 COSMOS 的接口方式，由原来通过与远程 COSMOS 数据库间接交互改为在移动终端本地直接识别屏幕上的作业指令信息，消除了从远程数据库获取数据时存在的不可控因素，验证演示终于在 2003 年 11 月中旬取得了成功。

随后，公司又将作业指令获取方式改为通过网络侦听获取作业指令的形式，进一步提高了其适应能力，得到了天津港方面的肯定。在这几轮的技术开发中，北斗星通技术团队表现出了严谨细致的工作作风以及敬业精神，许多技术人员在工作时，不知不觉就抱着电脑睡着了。这种"韧"劲，彻底征服了天津港的领导。

当时通过技术验证的公司一共只剩下3家，接下来就是刺刀见红——拼价格了。周儒欣把关标书的编制，反复修改，力求达到完美。标书于2003年11月底提交至甲方，并于12月顺利通过了天津港方面组织的技术质询。此时，天津港"以时间换价格"的策略开始发挥威力。所谓"以时间换价格"，说白了就是不怕拖，一轮一轮地磨，一定要把价格磨到最低。此时时间已经到了2004年6月，光谈判过程就消耗了整整一个月。周儒欣为此亲自指导并参与了商务运作及商务谈判，最终于2004年7月中标，并于当月与天津港签订了项目合同。合同一式六份，一共包括一个主合同和九个附件，其中每一份都有近10厘米的厚度，全部摞起来比人还高。负责在每页合同上"小签字"的杨力壮一直签到手抽筋。

中标以后，北斗星通组织了比较强的项目组。项目组先是在北京封闭开发了一个多月，然后十一假期没过完就奔赴项目现场进行系统调试。项目组为了给公司省钱，租住在了条件比较简陋的民房，每两周休息和回京一次，十几个人就这样住了半年。

事后公司总工秦加法将天津港之战的成功经验总结为：爱拼才会赢。

2004年年底，天津港"集装箱码头生产过程控制可视化管理系统"正式投入试运行，并经过三个多月完善达到了预定的目标。迄今为止，这套系统已经24小时不间断、一年365天持续运行了十一年，从未出现过任何问题。

天津港的项目成为北斗星通港口业务的"样板间"，甚至美国GPS官网都对此给予了高度评价。北斗星通以此为基础开拓了多个港口的类似业务，奠定了"产品＋系统应用＋运营服务"业务三角中最重要的一环。

天津港的胜利，是北斗星通"集中优势兵力打歼灭战"的典型应用，这句话后来也经常挂在周儒欣的嘴上。

多年后，北斗星通的一个竞争对手在事后分析失败原因时说："我们把这个项目当成一个单子在做，而北斗星通却把这个项目当成一个业务方向来做，当作公司未来生存的项目来做，投标开始之前，从战略高度和重视水平上自然就分出了胜负。"

周儒欣后来谈起天津港一役，只是简单地说"这个事儿很有意思"，丝毫没有提及当年的压力和辉煌。这一战中发生了太多险象环生而又精彩的故事，诚如苏轼《晁错论》中的慨叹："古之立大事者，不惟有超世之才，亦必有坚韧不拔之志。"

凭着一流的决策力，一流的执行力，北斗星通成功拿下了天津港项目，给挣扎在生存线上的公司铺垫起了一种巨大的心理势能。

第六章 | 从无到有靠本事，从小到大是工夫

啃下军用市场的硬骨头

周儒欣通过"走后门"获得了"北斗一号信息服务系统"的立项，然而这个项目的科研性和象征意义远远大于其市场性，可以说"根本不挣钱"。

"今天很残酷，明天更残酷，后天会很美好，但绝大多数人都死在明天晚上，见不到后天的太阳。"这是马云说过的一句话。

周儒欣从1997年就开始关注北斗的民用推广，但现实情况是，北斗星通作为一家刚成立不久的民营企业，实力还非常弱小，根本无法控制民用推广的节奏。在北斗业务线上，为了走到"美好的后天"，周儒欣坚持了整整9年，直到2006年9月接下农业部南海局项目，终于实现北斗系统在民用领域大规模应用的战略突破。

在此之前，公司的生存是第一要义。为了"美好的后天"积蓄力量，北斗星通决定先切入利润空间较大的军用领域。

北斗系统在建设之初就被定义为一个军民共用系统，军用需求肯定是被置于首位的，所以在 2000 年之前，基本上没有人考虑北斗的民用推广，甚至连军用如何实现都还在策划之中。所以周儒欣能在 1997 年预见到其民用推广，不能不说是极为有远见的。

恰在此时，周儒欣得到了一个消息，总装某部正在考虑建设一套基于导航定位的指挥所设备，刚建成的北斗系统毫无疑问是最好的选择。

周儒欣认为这是一块战略要地，可以在北斗民用推广尚未完全展开之前保证公司北斗业务的盈利，也是一张公司参与北斗应用建设的"入场券"，因此将这个项目定位为战略性战术项目。

作为一个刚成立不久的民企，北斗星通切入军队项目存在天然的劣势，中国国情决定了这种项目优先考虑的对象一定是国企。为了获得入场券，周儒欣开始频繁游说，他不断到相关部门"请愿"，向领导介绍北斗星通及北斗星通的"远大志向"。

周儒欣后来回忆道，很庆幸当时接触的领导都是"想干实事的人"，没有因为北斗星通的民企身份而将他拒之门外，给了他弥足珍贵的耐心和包容，也给了他"曲线报国"的机会。

周儒欣的认真、踏实赢得了相关领导的信任，最终凭借自身过硬的技术优势和价格空间，揽获了该项目。

在北斗军用市场的挖掘和开拓中，曹雪勇发挥了重要作用。

曹雪勇，北京师范大学天体物理专业硕士，高级工程师。曾任职于北京航天指挥控制中心，是载人航天工程轨道专家，参与了"神舟一号"任务，因出色地完成"神舟一号"轨道的数据计算、初始分析和状态判断，荣立二等功。2004 年 3 月加盟北斗星通，曾任副总工程师、工程技术中心副主任，是研发中心首任主任，北斗装备事业部首任总经理，现任北斗星通公司研究院常务副院长。

在军品科研生产方面，北斗星通作为一个民营企业，能够取得如此良好的成绩是颇受人关注的。其实，民营企业参与军品科研自有它独特的意义。

首先，有利于降低军品科研生产项目的成本。民用技术开发成本相对较低，标准升级迅速，在性能上只需要很少的经费就能够达到军用系统的大部分要求。而且利用民用技术会使有限的国防资源得到优化配置，使巨大的国防投资风险得到最大限度的分散。

其次，也有利于军工企业的创新和发展。军工企业的最大问题表现在机制与体制方面，以及计划经济时期形成的传统观念。而民营企业恰恰在这两方面有优势可供军工企业借鉴，特别是通过公平、公开的竞争，促进军工企业的创新与发展。

最后，它也有利于军品科研生产整体水平和效益的提高，有利于国家竞争力的提高。只不过由于传统观念的影响，军工企业和民营企业互有担心，以及政策、信息渠道等障碍，才使得中国民营企业进入军品科研生产的并不多见。

好在，北斗星通走出了坚实的一步，成功地在民营企业参与军品科研生产中打响了头炮。

在响应党和国家"建立军民结合、寓军于民的创新机制，实现国防科技和民营科技相互促进和协调发展"的号召下，北斗星通一以贯之地积极参与国家的军品科研生产实践活动，为建设一个强大的国防，为实现中华民族的伟大复兴贡献着自己的力量。

从无到有靠本事，从小到大是工夫。北斗星通又一次发挥了民企四两拨千斤的"巧劲"，啃下了一块军用领域的硬骨头。

载入史册的论证会

孙家栋院士认为，军队和国防应用的数量相对于系统的民用数量来讲，简直是小巫见大巫。北斗全球系统建成之后，民用将占据北斗系统用户总量的 95% 以上。

然而，军队系统涉及保密问题，一旦军队系统数据泄露，这其中的损失就不能以经济价值来衡量了，所以必须在军用和民用之间设立一道防火墙。

周儒欣一开始就瞄准了北斗的民用市场，所以北斗星通承接的北斗一号信息服务系统项目其实就起到了军用、民用"防火墙"的功能。简单来说，这套系统可以将北斗一号中心控制系统的信息推送出来，这样就使得民用系统可以在不干扰军用系统的情况下工作。因此，当政府需要对北斗的民用开放进行论证的时候，顺理成章地要咨询北斗星通的意见。

2003 年年初，北斗系统应用主管部门上报国务院和中央军委，建议批准北斗系统向民用领域提供服务，并于泰山宾馆举办了北斗开放民用的论证会议。

参会的绝大多数企业都是央企、国企和科研单位，比如中电集团的 54 所、航天科技集团的 503 所、504 所等。民营企业一共只有两家，北斗星通是其中之一，这一切都源于北斗一号信息服务系统的立项和周儒欣的预见。

在这次会议上，现任公司副总裁、董事会秘书的段昭宇参与起草了北斗星通的报告，提出了北斗星通作为一个民营企业对北斗系统开放民用的观察、实践和意见，取得了与会专家和领导的一致好评。

泰山宾馆会议，一举奠定了北斗系统对民用开放的基础，并指出了对具体实施路径的方向性指导。北斗星通也正是因为步步占尽先机而获得了北斗一号卫星导航定位系统分理服务的第一块牌照。

2013 年 10 月 9 日，国务院发布了《国家卫星导航产业中长期发展规划》后，发改委提出未来将从三方面加快推进北斗卫星导航产业发展：加快北斗导航定位服务民用基础设施建设；推进北斗系统在涉及国民经济安全重要领域的应用；推动北斗系统在大众领域的规模化应用。

周儒欣和北斗星通对北斗系统确实具有深刻的理解和前瞻性，他们在十年前所论证的，正与十年后我国政府对北斗系统的政策高度吻合，或者也可以理解为，在中国当今的北斗系统战略中，北斗星通起到了重要的作用。

不成功的突围

从获得北斗民用牌照开始，北斗星通就一直在推进北斗产品的销售，但情况十分不乐观——原因很简单，刚刚建成不久的北斗，在大多数指标上都无法媲美已经成熟运转多年的 GPS。

首先，在产品上，北斗的终端产品集成度很低，需要像早期的"攒计算机"一样，从多个供应商那里购买零件并自行组装，而当时 GPS 终端机的集成度和一体化已经做得非常成熟了。其次，在销售上，北斗产品比 GPS 产品难度大了好几倍，一个重要原因是当时国内的北斗市场还未培育起来，就像马云创业的时候还要到处向别人解释什么是互联网一样，北斗星通的销售人员也需要承担"培育客户"的任务，向用户解释什么是北斗、产品如何使用等，这其实增加了销售人员的工作量，因此销售人员都喜欢销售 GPS 产品而不是北斗产品。最后，就是价格过高。

市场环境非常严峻，但周儒欣的坚韧精神再一次被激发出来。他的口头禅是"你得有招儿"。面对这几方面的困难，北斗系统真的找到了"招儿"，分别采取了相应的措施。

产品缺乏竞争力？那就采取差异化竞争。北斗的特点，尤其是其短报文通信的功能，特别受渔政、水文监测和森林防火部门的青睐。因为 GPS 只能告诉你所在位置的经纬度，而在海洋里，光知道经纬度意义不大，周围都是无边无际的大海。但如果使用北斗，如果有台风，渔政部门就可以通知所有渔民；而如果一艘孤独的渔船在茫茫大海上出现危险，也可以通过北斗发短信求助，渔政系统可以立即告诉它离它最近的渔船在什么地方，最快的救援需要多长时间。

销售人员对北斗产品的销售不积极？那就调整提成模式。对于成熟的业务，比如诺瓦泰业务，北斗星通采取了低底薪、高提成的传统思路；但对于北斗这块新业务，北斗星通则采取了高底薪、低提成的新思路，以弥补销售人员与客户长时间磨合的成本。这样一来，销售人员的积极性就被充分调动了起来。

客户对北斗不理解？那就一点一点"磨"。北斗的销售和技术人员不厌其烦地对客户进行培训，向客户进行解释，保证卖出去的产品一定负责到底。也因为如此，北斗星通早期的销售人员很多都是从技术转过去的，因为当时的环境要求销售人员必须具备一定的技术能力，否则无法给客户讲明白产品的使用方法，自然也就卖不出去。

然而，这类零散的销售相对于北斗星通在北斗业务上的巨大投入来说仍然是杯水车薪。2003 年北斗星通的年收入大概在 3000 万元，其中北斗业务占了 600 万元左右，其余全是诺瓦泰业务，但诺瓦泰业务的利润贡献率却是120%。这一年，北斗系统做成了一些单子，但总体上还是赔钱的，周儒欣是下决心要把这个业务养起来。

北斗星通急需一个像天津港这样真正意义上的"大单子"来拓宽北斗新业务。

　　一个非常偶然的机会出现了。2002 年，海南省提出了一个需求——因台风频发，渔民渔船的管理和导航都出现了大问题，甚至引发了一些外交事件。当时海南的渔船因为没有装载导航设备，经常出现被台风吹到越南海域去的情况，结果渔船就被越南扣押了，最后还是外交部获得消息后再通知海南省。汪啸风省长认为这种情况必须改变，便向下面征集意见，是否可以采用现代化导航手段一举解决这一难题。

　　恰在此时，周儒欣出席了一个总装举办的会议，同时参会的还有国防科工委、外交部和科技部的同志。周儒欣在会上讲的北斗系统应用被一位参会的人士传到了海南省，海南省马上邀请北斗星通有关领导前往调研。当年 6 月，北斗星通起草了一份关于北斗卫星应用于海洋渔业的报告，并在报告中提出了解决策略和方案，该报告获得了海南省政府高层领导的一致认可。

　　这是一次为北斗打翻身仗的好机会，周儒欣自然对这个项目非常重视，于是在 2003 年带领时任公司副总裁的赵耀升前往海南，推进项目的下一步进展。

　　赵耀升，曾任某定位总站第一任参谋长。2002 年，赵耀升萌发了利用企业平台开创卫星导航民用事业的想法。2003 年 8 月 1 日退休后加入北斗星通，半年后任公司总经理，一直到 2008 年，为北斗星通上市和发展做出了重要贡献。

　　海南渔业项目，是赵耀升加入北斗星通后面对的第一场硬仗。为了拿下这个项目，赵耀升充分发挥了军人雷厉风行的作风，不断向海南省政府解释北斗和北斗应用，同时向科技部提出了项目建议，成功将项目列入了国家 863 计划，拿到了 150 万元的科研经费，为原始技术的开发打下了基础。

然而就在系统开发的过程中，情况发生了变化，一是海南省渔业厅调任了一位新厅长，而新厅长对这个项目不太积极；二是在走流程的时候被渔业厅一位厅领导卡住了，在某个文件上不给北斗星通盖章。

渔业项目是与政府关联非常紧密的项目，没有政府支持几乎推进不了。与渔民在一起时间长了，越发感到，渔民是弱势群体，在海里常年打鱼，在风浪里讨生活，非常辛苦。很多渔民几乎不在乎外交事件、国家安全之类的宏观概念，甚至对自身生命安全也不太在意，只在乎你的措施能不能提高打鱼的收入。如果没有政府推动，渔业公司和渔民对导航定位几乎都是拒绝的，因为导航定位并不能提高渔民收入，还导致自己的行踪被随时监控，因此积极性并不高。至于导航定位能提高渔船的安全系数或者减少外交纠纷，通通不在他们考虑的范围之内。

周儒欣和赵耀升别无选择，只能一趟趟地跑政府、找官员，希望能获得政府和官员的理解和支持。然而，海洋渔业厅这位厅领导却始终拒绝接见周儒欣和赵耀升。他们最后实在没招了，就像当年拿着砖头堵在债主家门口的柳传志一样，跑到这位厅领导家门口去"堵"他。然而，这位厅领导看到他俩人之后，扭头就把门反锁了。

赵耀升毕竟做过部队领导干部，如今却要像讨债的民工一样在人家家门口"堵"人，心中愤懑可想而知。

最后，虽然终于把章盖下来了，这位厅领导却又找到种种理由延缓项目进程。事后得知，原来这位厅领导是想将项目批给一家自己熟悉的本地公司。

直到周儒欣和赵耀升感觉"实在是拖不起了"，便打算离开海南。海南的某位省领导听说北斗星通要撤退，专门派他的秘书前来安抚，说情况虽然有点复杂，但你们还是要有耐心，要坚持。

周儒欣回复省里领导说，我们北斗星通还是一家成长中的民营企业，这样拖实在坚持不了。于是，北斗星通暂时告别了海南市场。

周儒欣当时没有想到，正是这一次不成功的突围，好比千里伏线，为后来南海局项目的成功埋下了伏笔。

之后，北斗星通把握住了北斗特别适用于"稀疏地区"这一特点，将工作重心放到了渔政、水利等方向，终于在 2003 年做成了第一个民用单子，接下来零散地在渔政和水利等方向卖出了一些产品，但过程并不顺利。

2004 年，北斗星通启动的海上渔船的定位导航与救援领域项目曾经遭到国内渔民的普遍漠视。当时，国内渔船上使用的基本都是进口导航设备，故障率稳定在 1% 以下，比北斗终端 10% 的故障率要可靠许多。

故障率高，卖不出去；卖不出去，就难以追踪反馈、改进产品——这样的恶性循环，曾让当时的负责人胡刚伤透了脑筋。

胡刚，国防科技大学硕士毕业，精通卫星导航定位系统。在加盟北斗星通之前，曾任中国人民解放军装备指挥技术学院讲师、卫星定位总站讲师、中国科学院软件研究所 863 课题负责人，是一位技术背景强悍、管理经验丰富的全面复合型人才。

周儒欣曾经说，无论如何，北斗星通都要把胡刚调来，因为他最熟悉北斗。胡刚于 2004 年 10 月正式加入北斗星通，任工程技术中心主任，之后历任公司副总裁、公司董事等多个职位，现任北斗星通公司董事、副总裁，和芯星通科技（北京）有限公司董事、总经理，北京北斗星通信息装备有限公司董事。

加盟北斗星通之后，胡刚的专业才能进一步发挥，曾带领团队创新性地提出并实现了面向行业应用领域的基于位置的综合信息服务业务模式，并成功研制系列终端和运营服务平台，取得了巨大的经济和社会效益，同时在基于北斗的民用芯片及接收机研制方面取得显著成效，于 2012 年被北京市评为科技北京百名领军人才、中青年科技创新领军人才、海淀区创新领军人才。

这一次，胡刚接手的是个十分棘手的任务。由于不熟悉渔船的实地作业环境，"北斗终端"在初次改进时为避免海上盐雾腐蚀金属，特地选择了质量最好的铝，没想到碰到绑缚支架的铁，腐蚀更厉害了。出趟海，设备就烧坏了。后来，胡刚将半年期间售出的 400 多台设备全线召回，一方面，积极联合下游企业，签订协议控制各个质量环节，最终将故障率严格控制在 5% 以内；另一方面，开始在本土化服务上下功夫，在每个渔船停靠点存放备货及安置客服人员，出现故障 30 分钟即可更换新品，而进口设备邮寄返厂修理周期长达两个月。

这样坚持了一年多，北斗星通硬是啃下了这个市场，国内渔船上已经几乎找不到进口导航产品了，"中国研发 + 中国制造"总算占据了优势，有了比较明显的起色。

南海局，从战略突破到战略合围

北斗星通的创业历程，和勺星的连线一样曲折，呈现世间事物消长变化的势象。

2005 年 8 月 3 日，北京郊区白鹭园，北斗星通年中总结会会场，传来一份传真：总部设立在广州的农业部南海区渔政局（简称南海局）希望以北斗系统解决我国南沙海域渔船导航定位问题，仅一期就有几百条船需要安装设备，邀请北斗星通参与投标。

原来，海南省的省领导向农业部南海局推荐了北斗星通。

周儒欣立即组织相关人员研究，是否参与投标。因为有了海南渔业项目的教训，这次周儒欣和北斗星通慎重了许多。同时，当时有两家实力强劲的对手已经参与投标，北斗星通在时机上已经先落了下风，"陪标"的风险很大。

但是，这个项目与天津港类似，是一个战略性意义的项目，如果能一举拿下，一下子就能打开北斗业务线销售不利的局面，且在海洋渔业领域占据先发优势。

经过团队研讨后，周儒欣拍板："做！"

"集中优势兵力打歼灭战"——这一战略思想再次发挥了作用。为了拿下这个项目，北斗星通派出了自己的核心团队，董事长周儒欣冲在第一线带队，总经理赵耀升及北斗事业部总经理胡刚负责制作标书，北斗事业部的副总经理郭飚负责销售工作。

郭飚，2003年7月加入公司，现为北斗星通信息服务有限公司董事长。之前是一位空军军官，作风硬朗，行动迅速。

2005年，整个北斗行业仍然处于草莽阶段，与已经发育成熟的GPS行业相比显得杂乱无章。北斗星通虽然算是行业内的领头羊，但许多东西仍要从零开始摸索。在南海局项目正式投标之前有一个测试阶段，即由意图投标的公司做出样品进行实地演示，而在实验之前北斗星通的很多研发人员甚至没上过渔船，闹出许多现在看来很滑稽的事情。在上船实验之前，赵耀升和郭飚在走路的时候突然想起来，仪器要怎么装到渔船上，这才抓紧时间现找供应商给做支架；第一次上船的时候，两位负责技术研究的员工竟然"扑通"一声掉进海里去了。

当事人抚今追昔，回忆起当时的情景都是当笑话来讲，但真正置身其中才能体会到情况的狼狈和艰难。因为大家面对的都是一个新生事物，没有任何可以参考借鉴的对象，只能一步步摸着石头过河，意志稍不坚定可能就迈不过去了。

在这种情况下，周儒欣为了鼓舞士气，二话不说冲在了第一线，挽起袖子和员工一起上船、做实验，一遍遍地改进系统和产品。老板都冲上去了，下面的人自然没有不拼命的理由，硬是从零开始一遍遍地将产品"磨"了出来。

北斗星通员工在安装北斗渔业船载终端

2006 年 8 月 4 日，经过一年多的实验、磨合，北斗星通最终完成了投标。在标书的价格上，周儒欣费了很大的心血和脑筋。因为价格是标书最关键的部分，在行业初期大家实力没有明显差距的情况下，价格很有可能成为胜负分界。经过几天几夜的测算，周儒欣将价格定在 1186 万人民币。当时郭飚和周儒欣住在宾馆的同一个房间，他认为这个价格太低了，公司要赔钱，于是反复劝说周儒欣："董事长，再加上点吧，不能这么干！再加个 200 万！"

周儒欣不同意。

两天之后郭飚又去游说周儒欣："董事长，200 万不行，那就加 100 万！"

周儒欣还是不同意，"再加 100 万就出局了！"

事实证明周儒欣的决断是正确的，因为最终北斗星通以最低价中标，而第二名的价格只比北斗星通多了 7 万元。

2006 年 9 月 8 日，北斗星通终于与农业部南海局签订了合同，开启了北斗系统在民用领域大规模应用的大门。

2006 年 9 月，与农业部签订"南沙渔船船位监控指挥管理系统"项目合同，右三为周儒欣

这一仗过后，南沙海域有近九百条船安装了北斗星通的导航定位产品，成为北斗星通在海洋渔业应用领域的样板项目。

安装了北斗星通导航设备的渔船

南海局项目是一次名副其实的战略突破。以南海局的项目为基础，北斗星通攻城拔寨，吃下了浙江、上海、江苏、广西、海南、山东、广东、辽宁等沿海省份的海洋渔业项目，安装北斗产品的渔船也从南海局的900条增长到浙江的9000条以及全国成千上万的渔船。北斗星通就此占领了国内约80%的市场，胜利实现"战略合围"。

通过北斗星通一个个项目的实施，我国的渔政管理也在信息化的道路上有了长足进步。

北斗星通海洋渔业安全生产运营中心

第一，维护国家海洋权益；第二，保护海洋资源；第三，保护渔民生命安全；第四，方便渔民与家人亲友的通信。在没有安装导航定位设备之前，渔船的运行轨迹不可控。自从安装了北斗的产品，便杜绝了这一现象的发生，同时也提高了渔业财政补贴的效率。可以说，这是一次真正意义上的海洋渔政管理革命。

北斗的产业意义，又以这样一种方式与周儒欣的产业报国梦结合到了一起。

第七章

管理是科学，更是实践

百战归来再读书

如果我们仅仅把中国管理学视为是农耕社会的管理理论和实践经验，将其与经过近百年发展、已形成庞大学科群的西方现代管理理论进行比较，那显然是没有可比性的。西方现代管理理论的优势在于工商管理和公共事务等方面，注重管理活动的局部和短期有效性，而中国管理往往无所不包，没有严格的学科分界，大到治国安邦，小到待人接物，几乎都可以找到相关的论述。

> 1994年从体制中出来，一头扎进商海，到21世纪初，周儒欣已经在市场中摸爬滚打了八年。他所经历的各种切身体会和切肤之痛，迫切需要一次深化、验证乃至提升。法无定法为法，管理说到底是一种实践，理论则会进一步加深实践。这种循环往复，造就了我们这个社会最宝贵的资源——一群文韬武略、知行合一的时代精英。

从狭义上说，中国是在 1978 年之后才出现了当代意义上的企业家，迄今不过三十多年的时间。企业管理理论真正进入公众视野的时间就更短了。在年广久、步鑫生的年代，无论是彼得·德鲁克、杰克·韦尔奇还是松下幸之助、稻盛和夫，这些管理大师的名字还远未出现在国人视野。普通民众对商业的理解，仍然停留在"投机倒把"上，即使是从体制中脱离出来的商人，对"市场经济"的理解也摆脱不了简单的"贸易"范畴。"管理"在真正意义上成为一门显学，还是最近十几年的事情。直到今天，在老板、商人已经遍布城乡的中国，我们在管理学的理论形态或现代转换上，仍然远远落后于西方发达国家乃至日本。

周儒欣认为自己是"土八路"出身，凭着既有的经验和本土化无师自通的管理方式勉力撑持，作为公司一把手，他的直觉是，不能只是凭着道德意志"打硬仗、扎死寨"，而没有战略眼光和长远规划。于是在 2001 年，他开始到清华大学经管学院总裁班学习，希望通过定向"回炉"，学习到最前沿的企业管理框架，借机梳理一下自己的管理思路。

在清华念了 5 期之后，周儒欣又觉得不对劲了。因为清华大学总裁班的课程框架是分模块的，不是系统的企业管理理论，于是他转而选择到北大光华管理学院读在职 EMBA，于 2002 年 2 月 28 日正式入学。

北大光华管理学院在今天已经是声名远播，但在当时知道的人并不多，EMBA更是一个新兴事物，全国开设 EMBA 班的大学都没有几个。与今天遍地都是 EMBA 不同，当时的 EMBA 入学还是极为严格的。周儒欣回忆，自己去报考的时候录取比例是 4:1，他在经过严格的笔试、面试之后才考了进去。

北大光华管理学院以前叫北大管理学院，后来得到了台湾光华基金会的赞助，就改名光华管理学院。尹衍梁先生作为光华基金会的董事长，对这个名字的诠释最具深意。他曾在 2014 年 11 月 14 日的"感恩●命名光华 20 年庆典"上，掷地有声地说道："光华也非公司名，也非地名，也非人名。光华的意思就是光大华夏……除了光华和北大，我还有一个更大的梦想。我这个梦想可能越来越快实现，实际上已经露出曙光了，我最大的梦想就是：两岸的早日和平统一。"

从 2002 年 3 月到 2003 年 11 月，周儒欣先后在光华管理学院研修了管理与领导哲学、财务管理、市场营销战略管理、人力资源、国际商务、资本运作等 EMBA 教学模块中的近 20 门课程，所学课程均取得了优异的成绩。

临近毕业，周儒欣应用所学理论知识，结合北斗星通企业管理的实际，撰写了题为《北斗星通卫星导航技术有限公司的战略选择与设计》的毕业论文。论文从北斗星通的战略状况出发，全方位论述了卫星导航定位产业的外部环境、北斗星通的战略能力与分析、北斗星通战略选择与设计三大方面，内容翔实而有深度，对北斗星通公司而言具有很好的指导意义。

在论文的结束语中，周儒欣写道："卫星导航定位行业是一个朝阳产业，如何推动产业的健康发展，我们一直在摸索。庆幸的是我们这代人赶上了中国改革开放以来的大好时光，北斗星通遇上了一个产业快速发展的千载难逢的机遇，北斗星通会全力抓住这一机遇，积极推动这一产业的健康发展，争做领头羊。在北大光华管理学院近两年的学习，自己感觉学到了很多知识，使自己对企业管理有了更加系统的理解和把握，相信本文所做的战略选择与设计会对公司的发展起到一定作用。确实，一个企业首先要说明企业为什么存在？企业是什么？企业应该是什么？企业如何去实现自己的战略目标？这些问题非常重要，这些问题过一个时期就要重新研讨一次。因此，这篇文章还要在实际工作中持续改进。"

周儒欣的指导老师刘学教授高度评价这篇论文说："周儒欣同志的企业管理基础知识扎实，能够将所学理论运用于实际问题的解决。周儒欣同志利用所学知识，对自己经营的公司的发展战略进行了诊断、评估和再设计，具有很强的实用价值。"

通过在光华管理学院的学习，周儒欣将自己近十年的企业管理实践进行了梳理，使他对企业管理、运作有了更新、更高的认识和理解；同时，他在学习期间，还结识了很多商界的优秀人才。这两点收获将对北斗星通成为"卫星导航应用产业化领先者"的愿景目标产生深远的影响。

通过国军标认证，建设质量管理体系

今天几乎没有人不知道 ISO，在电视广告中，商家都把通过 ISO 质量体系认证当作一项重要的卖点来推广。尽管如此，但是却很少有人能讲清楚 ISO 究竟是什么东西，其中又包含哪些内容？

ISO 是国际标准化组织的简称，其质量管理体系标准可以说是科学管理理念的集中体现，总结了质量管理中最基本、最通用的一般规律，是现有质量管理实践经验和理论研究成果的高度概括和总结。通过了 ISO 质量管理体系认证，就相当于在国际市场上拿到一张入场券，意味着你的产品质量达到了国际标准。

参考 ISO 质量管理体系标准，我国政府设立了自己的质量体系，也就是国家标准（GB），简称国标。

无论是 ISO 还是国标，其核心都在于通过过程控制来控制最终成果，业内称之为 PDCA 循环或质量环。PDCA 是英语单词 Plan（计划）、Do（执行）、Check（检查）和 Action（修正）的缩写。计划，是指确定方针、目标以及制定活动规划；执行，是指根据已知信息设计具体的方法、方案和计划布局，再根据设计和布局，进行具体运作，实现计划中的内容；检查，是指总结执行计划的结果，分清哪些对了，哪些错了，明确效果，找出问题；修正，是对检查的结果进行处理，对成功的经验加以肯定，并予以标准化，对于失败的教训也要总结，引起重视。

PDCA 循环就是指按照计划、执行、检查和修正的逻辑顺序进行质量管理，并且循环不止地进行下去的科学程序。比如有一个问题没有在第一个 PD-CA 循环中得到解决，则可以提交到下一个 PDCA 循环中去解决。这个管理学模型最早由休哈特于 1930 年提出，后来被美国质量管理专家戴明博士在 1950 年再度挖掘出来，加以广泛宣传并运用于持续改善产品质量的过程。

简单地说，PDCA 循环就像爬楼梯一样，一步步地提高生产和管理质量，每循环一次，就解决一部分问题，取得一部分成果，工作就前进一步，水平就进步一步。每通过一次 PDCA 循环，都要进行总结，提出新目标，再进行第二次 PDCA 循环，使品质治理的车轮滚滚向前。

从理论上看，PDCA 循环是很美好的，但在实际执行中，有许多企业都进行不下去。为什么？因为实施这样一套流程需要很高的成本。要将这套体系落地，需要对企业的全部生产和管理流程进行重组，而对于一个成长型的企业来讲，这是一个"伤筋动骨"的过程。人都是有惯性的，许多老员工习惯了原来粗放式的工作方式，并不支持这种全盘性的改进，即使这意味着最终的产品质量会得到提高。

质量管理体系国家军用标准（GJB），简称国军标，是我国为满足新形势下国防建设和战备需要而设立的标准体系。通俗地讲，我们可以把国军标理解为 ISO 和国标的"升级版"——这也非常容易理解，因为军需是生死攸关的大事，对产品质量的标准和要求自然要比民用高出一层。

假如能通过国军标认证，基本就可以说企业的管理和生产水平达到了国内最高标准。同时，国军标体系认证也是民企进入军工的一把钥匙，也就是说你的产品可以用于军品的生产，用于航空航天、航海、兵器等。没有军工质量体系认证的企业几乎是不可能进入军工体系的。

为了企业长久的发展，周儒欣决定要申请国标认证（GB）。不仅如此，为了使北斗星通能在将来顺利拿到军用业务，周儒欣还决定要上国军标（GJB）。

　　赵局长回忆说，他当时跟周儒欣商量，我们到底准备怎么搞？真搞还是假搞？当时花10万元，差不多就相当于可以买个证。周儒欣说，当然要来真的，而且要自己搞。

　　于是，从2002年3月开始，北斗星通启动了国军标质量管理体系的建设工作，依据《GJB9001A-2001质量管理体系要求》，制定了公司的质量方针和质量目标，完成了体系文件的编、审、批和发布，并于2002年8月15日开始运行。由公司的姚绍俭副总工程师主抓落实这件事，从头到尾，抓得很细。为了推进认证过程的顺利执行，周儒欣立下了领导重视、全员参与等八项原则，将这个内部管理课题上升到了战略地位。最终，通过贯标培训、体系试运行、内部质量审核、整改和验证，以及管理评审等过程，北斗星通全体员工的质量意识均有了很大程度的提高，保证了公司各项质量活动的开展，公司质量管理基本走上了正轨，并取得了很好的成效。

　　到2003年2月25日，北斗星通终于顺利通过了中国新时代管理体系认证中心军工产品质量管理体系的现场认证审核。审核界定的产品范围为卫星导航定位系统的设计、开发、生产和服务，质量管理体系的标准为GJB9001A-2001。这标志着北斗星通公司在为顾客提供优质产品和满意服务方面，已经建立起了一套科学、规范的质量管理体系。

　　审核组对于北斗星通的质量管理体系的评价为："北斗星通公司领导重视质量管理和产品质量，质量意识强，公司质量方针和质量目标符合标准要求并贯彻执行得很好，公司职工的敬业精神和工作热情都很高，产品过程实现基本受控，产品质量满足顾客的要求，公司为顾客服务的意识强，受到顾客的好评。"

　　周儒欣说，通过GJB9001A-2001质量管理体系是公司发展道路上的一个里程碑。从此，我们在为客户提供优质产品和满意服务就有了一套经得起检验的、科学的质量管理体系。我们的目的不仅仅是取得证书，而是希望通过认证，使公司的管理水平上一个新台阶，以适应公司快速发展的需要。

重抓项目管理和客户关系管理

创业时代，大浪淘沙。每个创业者都有一番惊心动魄的故事和漫长琐碎的劳役。

有人总结，"一年的企业靠运气，三年的企业靠老板，五年的企业靠管理，十年的企业靠文化，百年的企业靠信仰"。随着规模的不断扩大，项目的不断增多，创业初期那种梁山聚义式的做事方式渐渐出现一些漏洞，北斗星通着手在项目管理和客户关系管理上下了许多工夫。

项目管理，就是将各种知识、技能、手段、技术应用到项目中，以满足或超过项目干系人的要求和期望。简单地说，项目管理就是把各种资源应用于项目，以实现项目的目标。它本身是一门高深的学问，国际和国内有许多项目管理组织，还有一些相应的资格认证。从国际上看，即使在发达国家，也有很大一部分项目在实施过程中会发生与原计划不一致的地方，不是延期了就是经费超支了，尤其是大项目，管理起来难度很大，这也是为什么项目管理成为一门学问并受到大家重视的原因。目前，粗略估计全球有上千万人从事项目管理工作。

北斗星通的项目管理经验是从实践中一步步摸索起来的，并在公司上市后得到进一步的完善、深化，其"三级管理"机制在实践中被证明是行之有效的。

所谓三级管理，是指北斗星通对项目管理实行公司、事业部和项目经理三级管理机制：公司级的项目管理归属部门为总工程师办公室；事业部级的项目管理由各事业部的管理部承担；每个具体的项目实施由项目经理负责。

公司级的项目管理工作主要是建立和维护公司项目管理体系，制定项目管理的规范和流程，督导各事业部的项目实施过程等宏观性的工作。对于具体项目，重点是对立项和结项过程进行管理，主要包括立项论证和成果验收。但对于重大项目、具有较大风险的项目以及重要自主研发项目，总工程师办公室则对项目计划过程和实施过程进行细致的管理，包括计划的审查、实施进度监控、跨部门资源的协调、节点成果评审等。

事业部级的项目管理主要是进行事业部项目管理作业流程的建立和维护、项目资源调配、项目进度监控、项目质量管理、项目节点评审组织、项目过程成果管理（配置管理）、组织项目物资采购及运输等。

项目经理主要负责项目计划编制、实施过程中项目组人员协调、工作安排和督导、进度控制、与项目干系人的协调、系统联调测试组织等工作。

北斗星通的项目管理，尤其是大型项目的管理，非常艰难繁杂，需要系统的逻辑框架，扎实的执行力，特别是坚韧不拔的毅力。周儒欣学数学出身的条理性和北斗星通所提倡的"坚韧"精神在项目管理的推广中起到了很大的作用。

有位员工在评价自己与周儒欣共事时最大的感受时，说他印象最深刻的就是周儒欣那种百折不挠的劲头，即不管有多大困难也要"想招儿"，也要"往前推"。

客户关系管理（CRM），是指企业利用相应的信息技术以及互联网技术来协调企业与顾客间在销售、营销和服务上的交互，从而提升其管理方式，向客户提供创新式的个性化的客户交互和服务的过程。其最终目标是吸引新客户、保留老客户以及将已有客户转为忠实客户。

为了推动公司在客户管理上的变革，北斗星通决定引入"外脑"，依靠外部咨询机构为自身梳理、建立客户关系管理系统。

客户关系管理系统与国军标的认证有类似之处，需要调整各业务部门的做事方式，因此在实施过程中也遇到了许多麻烦，需要内部执行部门一遍遍地与业务部门和咨询机构进行沟通，将业务需求用系统语言"翻译"给咨询机构，再将系统语言"翻译"给业务部门技术工程师，其中涉及设计系统、部署系统、测试系统、调试系统等许多工作环节，而每一个环节都需要非常细致的访谈、培训、沟通等工作。

最终，CRM系统顺利上线，全公司业务部门也来了一次工作方式变革，实现了信息资源共享、业务流程优化，实现了跨部门的业务自动流转，加强了销售环节的控制，做到了及时了解销售进程及跟单情况，集中管理与客户相关的历史记录，搭建出一个信息整合、工作协同的营销管理平台。

"小公司拼业务，大公司拼管理。"北斗星通在日渐长成为一棵参天大树的同时，对企业管理的理解也在不断深入、成熟。

第八章

梦之队的上市之战

峰回路转的"上市"

身处一个有很大想象空间的产业和眼前利润微薄的现状，上市是必需的。

翻开周儒欣 2000 年撰写的商业计划书，在《IPO 和关键成功因素》这一章中，周儒欣系统分析了北斗星通的上市卖点和风险，并预计"公司计划 2004 年完成 IPO 计划，在国内二板或香港创业板上市"。也就是说，从 2000 年开始，周儒欣就想着"做大事"，就在酝酿北斗星通的上市了。

然而，在 2005 年 10 月，北斗星通收到中关村管委会"中小企业股份制改造和上市培训会"的通知时，周儒欣却没了兴趣。当时北斗星通的财务总监是杨忠良，他接到会议通知后力促周儒欣参加这个会议，"周总，这个培训会，我们去参加吧！"

"这个培训会是培训什么的？"

"股改上市。"

"什么股改上市，没必要！你们别折腾这事了，对咱都没用，还是好好干活吧！"

是什么原因，让周儒欣对上市从充满期待变得漫不经心呢？

周儒欣经历过颇为艰辛的融资历程。从 2000 年公司创立开始，周儒欣就想通过融资迅速将北斗业务开展起来，于是开始频繁接触各方资源，希望有人能支持自己的事业，能迅速做大做强，在四年时间内将公司上市。结果我们已经知道了，一无所获。

当年，他急切地想上市，其中一个重要原因是 2000 年的资本市场非常火爆。

自 1990 年上交所成立以来，中国的证券市场一直在"畸形"发展着，其一开始的指导思想是服务于国企改革，因此接下了很多国企烂摊子，市场化程度有限。然而从 2000 年开始，证券市场的规范化、市场化开始大步迈进。2000 年 1 月 6 日，证监会主席周正庆发表文章《为建设发展健康、秩序良好、运行安全的证券市场而努力》，开启了证券市场深化改革的序幕，股市第二天即上涨超过 3%。当年，随着证券市场规范程度的迅速提高和市场化进程的不断加快，沪市以 1368 点开盘，最高上冲至 2125 点，报收于 2073 点，较 1999 年上涨了 51.76%，成为当年全球涨幅最大的证券市场。

可想而知，在这样一片火热的市场中，周儒欣多么希望"好风凭借力，送我上青云"，能够看到北斗星通借势而起。

然而，几次失败的融资经历让周儒欣有点心灰意冷。雪上加霜的是，2001 年"互联网"泡沫开始破裂，股市萧条，让周儒欣对上市的热情锐减。而同时北斗星通的代理业务做得风生水起，靠自有资金去发展北斗业务也渐渐成为可能。因此，周儒欣才会对杨忠良的提议兴趣不高。

杨忠良离开周儒欣办公室之后，越想越觉得这个会议很重要，于是又折回周儒欣那里，"周总，这件事确实挺好的，咱们去听听，对将来北斗星通上市大有裨益"。

周儒欣被杨忠良的执着所打动，于是带领杨忠良和时任公司总经理的赵耀升一起参加了会议。就是在这次会议上，周儒欣遇到了北斗上市的关键人物之一，时任深圳证券交易所市场推广部副总经理邹雄。其间邹雄说了一句让大家极为振奋的话："你们的题材非常好，北斗星通要是上市了，就是中国卫星导航产业的第一股。"

会议结束后没过几天，邹雄再次到北京开会，特意给周儒欣打了一个电话，约他聊一聊北斗星通上市的事情。于是两人约在海淀区上地环岛附近的一个茶庄里，一边喝茶一边聊股改、上市。

这次谈话之后，周儒欣在公司初创时的上市雄心再次被调动了起来，开始认真准备上市事宜。

在中介机构的帮助、策划下，北斗星通高层开始关注证券领域、学习证券知识、接受上市前辅导。公司股东、高管人员陆续参加学习，轮番接受培训，利用业余休息时间温习证券课程。证券行业专业性强，法律法规众多，涉及面相当广，公司管理层过去职业经历大多是搞技术和业务出身，从未接触过该领域，因此接受、理解起来并非易事。再者，时值中国股市持续低迷，未来走向尚不清楚明朗，公司可谓在黑暗中探寻光明，又如漫漫征途，但始终抱持必胜的理念，一步一个脚印，积蓄着能量。

在 2006 年的年度总结大会上，北斗星通把上市作为公司新一年度的重要任务来抓，提出了"2007 年企业上市的目标一定要实现，也一定能实现"的动员令。

绕了一大圈，北斗星通踏上了上市之路。

"三大战役"创"百日过会"IPO 经典

对任何一个企业来说，IPO（首次公开募股）都可以说是最为重要的事件之一。2006 年年底，北斗星通已从治理结构和财务指标上满足了上市的基本要求，业务模式更加清晰，会计核算更加规范，内控制度也在一步步完善，可以进行实质性的动作了。2007 年农历大年初三，周儒欣就已经到办公室开始部署 IPO 工作。

对 IPO 稍有了解的人都知道，上市是一个非常复杂和"磨人"的过程，而这段艰难历程的开端，就是制作招股说明书。2007 年 3 月 5 日，北斗星通的"大工作组"（包括公司的上市工作小组、券商、律师、会计师）由周儒欣带队进驻位于中关村的"易豪"酒店，集中封闭"开发"招股说明书。当时北斗星通的计划是在 3 月底就把申报材料提交给中国证监会，因此准备时间只有短短的一个月。

进驻"易豪"伊始，周儒欣曾这样对他的团队说："今天是 3 月 5 日，从今天开始到 3 月 29 日，我就住在宾馆，不回家了。你们如果有事都可以回去办事，但是如果你们能不走更好。"

期间有一天晚上，周儒欣自己回家去拿换洗衣服。夜里 11 点多，他收拾好衣物急匆匆地对妻子说："我走啦！"

"这么晚了还要走啊？"

"回宾馆集中，还有好多事没做完呢。"

"家里这么多事，你什么都不过问就走了？"

然而时间不等人，周儒欣还是立即赶回酒店加班加点地工作。为了做好招股说明书，工作组日夜奋战，分章节加以分析、修改，字斟句酌，并将内容划分为法律框架、业务技术、财务数据、附件收集等部分，责任落实到人头。特别是招股说明书附件的收集、整理，工作量大、内容烦琐，工作组需要从公司总裁办、行政人事部和财务部等各部门收集资料，其中包含了数不清的沟通、争论和协调工作。

就在工作组正为招股说明书焦头烂额的时候，后方阵地出现了一个更大的问题——负责承销工作的民生证券迟迟不能落实"保荐代表人"。

"保荐代表人"，简称"保荐人"或"保代"，是伴随着 2004 年中国 A 股市场引入保荐核准制而诞生的产物，用官方语言解释，保荐人需要负责发行人的上市推荐和辅导，核实公司发行文件与上市文件中所载资料是否真实、准确、完整，协助发行人建立严格的信息披露制度，并承担风险防范责任。

良好的保荐核准制能够让保荐人对上市公司进行督导，使公司行为规范，如果没有两位保荐人的签字，企业就无法上市或进行再融资等工作。

随着中国经济发展速度的不断加快，需要上市的企业越来越多，因此上市资格逐渐变成了一种稀缺资源，企业上市的条件也越来越苛刻，而原来作为"乙方"的证券机构渐渐地身价暴涨，在甲乙双方的博弈中占据了优势地位。股票承销，说白了就是企业花钱雇佣证券机构替自己"叫卖"股票，按理说证券机构应当想尽办法为企业服务，但在上市资源稀缺的大背景下，出现了某个小品中"欠钱的是大爷"的场景。其中，"保荐人"又是证券机构中极为重要的角色，因为如果没有保荐人签字，企业就无法上市。因此，保荐人利用手中的职权进行寻租，几乎成了行业里的公开秘密。2008 年之前，保荐人的"签字费"就能高达 20 万元以上，2008 年之后进一步上涨至近百万元。因此，保荐人成为名副其实的"金领"，年收入至少在百万以上。

这种畸形状况，自然被市场广为诟病，这也促进了保荐制度的改革。然而在 2007 年，保荐人的签字仍是 IPO 中极为重要的一环。

当时主管民生证券投行部门的一位副总，想利用保荐人签字权提高服务费用。面对这种情况，周儒欣又在繁忙的材料准备工作之余，腾出一只手来与民生证券展开了几个回合的博弈，终于在月底前让民生证券落实了两位保荐人，并在 3 月 29 日按计划正式把申报材料报到了中国证券监督管理委员会，如期实现了第一个目标，也为后续工作积累了经验、树立了信心。

这是北斗星通上市途中的第一场战役。

材料提交至证监会之后，马上面临的就是"新股上会"。"新股上会"也简称为"上会"，是业内的一个俗称，意思是新股发行上市之前，都要经过证监会下属的"证券发行审核委员会"讨论研究新股发行申请以及相关的申报材料，以确定其是否符合上市条件。

"上会"同样需要企业做许多准备工作。首先，证监会为了让企业熟悉发行审核标准和流程，专门开设了见面会。在这一环节，已报送材料的企业与发行部负责人面对面，以十分钟的时间展示自己的企业并讲述上市的理由。随后上市流程进入反馈和初审环节，证监会发行部对企业的申报材料进行预审，提出疑问，要求中介机构核查，并形成初审报告，提交发审会。

中国证监会发行审核部于 4 月 23 日召集北斗星通进行了"初次见面会"，之后就是等待反馈意见的日子。为了顺利过会，周儒欣带领工作小组进驻了金融街附近的如家酒店，又开始了如火如荼的准备工作。期间，周儒欣、杨忠良、张密负责组织协调，吴梦冰、段昭宇和闫光霞负责材料准备。6 月 4 日，公司接到证监会发行部的反馈，发现有 21 个问题。大家立即行动起来，在保荐人孙振的组织下，多次开会，反复研究，集中回答"反馈意见"，于 6 月 11 日将反馈意见的回复交到了证监会发行部审核员手中。

7 月 5 日，北斗星通公司接到通知，中国证监会发审委将于 7 月 9 日对北斗星通 IPO 申请进行审核。这意味着北斗星通取得了第二场战役胜利。

4 天之后，审核进入最为激烈和关键的环节——发审会。在发审会上，七名发审委委员经过 40 多分钟的内部讨论，形成问题单，随后企业和保荐代表人进场就此进行答辩，用时 45 分钟。之后，委员投票，当场宣布审核结果。整个发审会的过程都有录音存档，记有委员意见的工作底稿也作为保密资料存留。所有这些，证监会工作人员都无权查看，只有当产生异议或问题时，才能由证监会纪委来调阅。

通过发审会，好比企业"高考"，也可看作上市征途上的临门一脚，通过了，就意味着成功进入上市公司的行列。

为了备战发审会，周儒欣在 7 月 9 日之前组织了多次内部模拟，让工作组的员工充当发审委员对自己进行"盘问"。工作组充分准备了委员们可能会问到的问题，并安排了三次模拟演练。周儒欣、杨忠良和保荐人面对"委员"们一遍又一遍练习即兴演讲。为了做好赛前热身，周儒欣甚至带领高层每天坚持健身游泳，保持最佳竞技状态。在模拟演练的时候，前两次周儒欣都是根据事先准备好的草稿进行答辩，结果表现非常糟糕。之后他镇定了一下情绪，心想自己这么多年走过来，可以说没有谁比自己更了解北斗星通了，为什么还要拿着稿子去参加"高考"呢？于是干脆脱稿答辩，终于在第三轮找回了自信。最终上会时，周儒欣脱稿侃侃而谈，给发审会委员们留下了极好的印象。

发审会顺利过关，北斗星通上市征途第三场战役完美收官。

2007 年 7 月 9 日，公司成功过会，周儒欣和李建辉掩饰不住兴奋的心情

从 2007 年 3 月 5 日启动上市工作，到 7 月 9 日，《北京北斗星通导航技术股份有限公司首次公开发行股票并上市申请》顺利通过了中国证监会发审委员会第 75 次的最终审核，创造了"百日过会"的行业奇迹。赵局长回忆当时的情景，说负责上市工作的团队成员"累得脸都绿了"。

消息传回北斗星通，公司上下一片欢呼，杨忠良抱着周儒欣痛哭流涕。

然而从"过会"到真正发行股票，中间还有许多工作要做。7月底到8月初，为了尽早安排成功发行股票、公司挂牌上市，北斗星通上市工作组兵分两路。一路由周儒欣带队，在公关公司的协助下，先后在北京、上海与深圳举行了三次路演，分别邀请了境内外几十家合格的投资机构参加了询价，取得了热烈的反响。另一路为资料组，一部分人员配合券商准备及时披露需要公告的文件、信息，并在民生证券总部与网下配售小组一同现场办公，协助、监督网下申购的情况；另一部分人员则前往深圳，配合券商准备向交易所等机构提交各项材料、办理申请手续。

8月13日9:30分，上市钟声敲响，北斗星通股票开盘价56.88元

2007 年 8 月 13 日，北斗星通股票在深圳证券交易所成功挂牌上市。北斗星通成为我国卫星导航定位第一家上市公司。

激动过后的危机化解

"早上好！在我国首颗北斗导航卫星升空前夕，2000 年 9 月 25 日北斗星通创业团队带着梦想在北京中关村这片创业的沃土上创立了公司。经过近 7 年的努力拼搏，今天我们步入了深圳证券交易所这一全国中小企业梦想的殿堂，北斗星通成为我国第一家上市的专门从事卫星导航定位的企业。

在上市钟声敲响的神圣时刻，全体北斗星通人都怀揣着一颗感恩的心。我们要感谢北京市政府的全力支持，要感谢北斗主管部门和航天主管部门以及行业协会的关心和爱护，要感谢北斗星通用户和合作伙伴对公司的多年信任，要感谢证监会、深交所、民生证券、天健华证中洲会计师和兰台律师事务所在公司改制、申请、发行、上市过程中无微不至的指导和帮助，还要感谢我们的家人和亲友在公司创业、发展的每一步做出的奉献和牺牲！没有这些支持、关心和帮助不可能有今天的神圣而美丽的钟声。

上市的钟声不仅仅是社会对公司的肯定，更是对公司的警示！

北斗星通，仅仅是成千上万成功的中小企业的幸运儿和代表；作为我国卫星导航定位行业这一刚刚进入快速发展阶段的朝阳行业的先行者和首家上市公司，我们不仅面临着发展的难得历史机遇，同时面临着更大的社会责任和前进中的风险，丝毫不敢有任何的懈怠。

我们必须更加深入贯彻'用户是上帝，合作伙伴是朋友，竞争对手是导师，前进中的敌人是自己'的经营理念，以上市为契机，利用两到三年的时间，全面提升公司竞争优势，促使公司迈上新的发展平台。我们相信，资本市场一定会成为和谐社会交响曲中的最华彩的乐章。我们有信心有能力一定不辜负广大投资者和监管层对我们的厚望，以优异的成绩回报社会。"

这是周儒欣在北斗星通上市仪式上的致辞。在那样一个值得欢庆的时刻，我们仍然能感觉到周儒欣的自重和自持。他保持着清醒的头脑，言辞之中又透露着一种谨慎的乐观：他认为北斗星通在面临历史机遇的同时，也面临着前进中的风险。可以说，这并不是谦辞，因为整个行业还处在快速发展时期，就像20世纪末的互联网旋风一样，在一片火热中也蕴含着无穷变数，谁都不知道明天会发生什么。这种情况下，北斗星通即使上市了，也仍然不敢有丝毫大意。

事实应验了周儒欣的忧虑。就在北斗星通上市后不久，农业部南海局项目就出现了一次重大危机。

那天，周儒欣正携全家到黄山享受一次难得的休假。在筹备上市的日子里，他的压力太大，上市仪式结束之后已经疲惫不堪，所以此次休假对他而言是一次难得的休整。在黄山之巅，周儒欣接到了时任南海局郭副局长的"问责"电话，有几百台装载在渔船上的北斗终端设备出现了问题。

周儒欣顿觉当头一棒。南海局信任、支持北斗星通，郭副局长还受邀参加了北斗星通的挂牌仪式。如今设备大面积发现问题，周儒欣心里十分难过。他当即表态，对所有出问题的设备，北斗星通将本着对客户负责到底的态度，全部免费更换。

损失是惨重的。调查发现，大部分设备之所以出现问题，是因为上游某供应商的产品出现纰漏。客观上，在行业发展初期，一切环节均缺乏规范标准，业内更缺乏成熟的生产线，而北斗星通对供应商的管理也很难完全到位。正如个人计算机刚刚在中国兴起的时候，中关村"攒"出来的计算机也经常容易出问题。直至今日，我们还是能在新闻中看到某个品牌的计算机发生大规模召回事件，因此不难想象，北斗星通作为北斗在民用推广领域"第一个吃螃蟹的人"，自然也要在这上面缴纳一定的学费，几乎可以说是难以避免的关坎。

自下海创业以来，周儒欣遇到过无数次这种"九死一生"的情形。北斗星通之所以能闯过一关又一关，周儒欣也觉得甚为奇特，将之理解为"老天爷帮忙"，因为似乎每次危急关头都有贵人出手或出现重大的利好事件。然而诉诸常识理性，贵人和转机的出现，恐怕还要归结于这个群体自身做人做事的风范和感召力。

好在事发之际，北斗星通已经顺利上市，从市场上融到了一定的资金。周儒欣赶紧结束休假，回公司就南海局产品问题召集公司高层开会讨论。讨论结果是，公司专门组建一个应急小组来处理此事，并由公司拿出 1000 万元人民币作为专款，务必尽快解决南海局的难题。

事后周儒欣回忆，幸好公司在出事之前上市了，否则这 1000 万元的专款很有可能让整个公司现金流断裂，后果不堪设想。

"知己之过失，毫无吝惜之心，此最难之事。豪杰之所以为豪杰，圣贤之所以为圣贤，便是此等处磊落过人。能透过此一关，寸心便异常安乐，省得多少纠葛，省得多少遮掩装饰丑态。盗虚名者，有不测之祸；负隐匿者，有不测之祸；怀忮心者，有不测之祸。天下唯忘机可以消众机，唯懵懵可以被不祥。破天下之至巧者以拙（诚），驭天下之至纷者以静。"大概只有"中兴名臣"曾国藩的这段话，最能确切地道破周儒欣此举的深层意义。

曾国藩一生为官为将帅，乱世中由一介布衣而位极人臣，一生功名显赫，为清朝建立了丰功伟业，唯以一个"诚"字取胜，且强调"诚"必须出自内心，谓之"血诚"，并将"血诚"作为自己建功立业的根本与基石。他不仅要求自己"须有一诚字，以之立本立志"，也处处以"血诚"要求与约束自己的下属。

任何理念最终都需要认同理念的人去实现。选什么样的人，决定了一个组织会养成什么样的作风。在理念上，周儒欣高扬的是"诚信忠义"，他所集结的则是能够切实认同这种理念并加以践行的"朴拙之人"。

北斗星通之所以能成事，并非没有权变和机谋，但更根本、更突出的特点，当属其作为一个以质直忠义的军人和朴实土气的农夫为主体的组织文化和价值体系。这个群体以报国信念和民族自豪感为激励之本，以纯朴为用人准则，以推诚为管理之道，以耐得劳苦为修身之本，以包容负责为处世之要，以战略大局为决策之魂，以勤恳务实为治事风尚。

从管理层身上，我们可以感受到的是发端于中国传统价值谱系和历史文化中的领导力的深沉厚重。

在上市钟声敲响的神圣时刻，更重的责任、更远的征程，也在这个群体面前铺展开来。北斗星通注定要在北斗民用领域，以领航者的身份，见证这一事业的理想与挫折、荣耀与艰辛。

再出发，转型升级迎来风口

有一个广为流行的传说是这样的：鹰在四十岁的时候，它的喙会变得弯曲、脆弱，不能一击而中制服猎物；它的爪子会因为常年捕食而变钝，不能抓起奔跑的兔子；双翅的羽毛也会粗大沉重，不再能够自由飞翔。这个时候，鹰有两个选择：要么回到巢穴，静静等死，要么艰难地飞到山崖顶端，在那里重生。然而重生必须经历难以忍受的痛苦：它要忍着饥饿和疼痛，在岩石上日复一日地敲打它的喙，直到脱落，直到新的喙长出来；它要用新喙将磨钝的爪子一个个拔出，直到长出新的、锋利的爪子；它还要把那些粗壮而沉重的羽毛从翅膀上一根根拔掉，好让新的羽毛长出来。当老鹰忍受完这些痛苦之后，它便可以获得三十年的新生，再次翱翔广宇。

　　这个故事不过是传说，其寓意却是深刻而普世的：决定性的成长，往往伴随着绝顶的痛苦。无论是一个人还是一个企业，莫不如此。有时候一场危机中也蕴含着机遇，有时候顺利中也蕴含着风险。

第九章 | 上市只是开始，
创业没有止境

一场不虚的务虚会

苦熬多年，备历危机和凶险，用周儒欣的话说"差点要憋死了"，北斗星通上市了，有了源头活水，仿佛掘井及泉。许多持股的高管，也一跃而至身家千万的行列，虽然这些财富暂时还不能变现。

如果把"有钱"作为梦想，这个梦想对北斗人来说，无疑实现得挺顺利，尽管实现以后很可能伴随着空虚或者失落。周儒欣发现，公司的氛围有些变化。上市之后就有高管提出，是不是"搞几辆奥迪 A8 开开"。当集团还弥漫在一片成就和喜悦的氛围中，周儒欣蓦然觉醒，如果任由这种浮躁的风气蔓延，公司团队很可能丧失战斗力，真正的"北斗梦"就会被忘记了。

2007 年的 10 月 1 日，周儒欣召集北斗星通高管开会，探讨公司下一步发展。北斗星通有一个传统，每逢国家的重大节日，有关高管都要在一起开会，因为不涉及任何具体业务，北斗星通内部称之为"务虚会"。

　　而这次会议有不一样的意义，会议一开始，周儒欣就明确指出公司内部存在一股浮躁的风气，需要紧急刹车。他没有站在高人一等的地位进行说教，而是举了自身的例子，让大家思考，上市后，我们到底有什么不一样。

　　他说，缺钱的时候，政府、合作伙伴或者朋友都可以支持你；缺德的话，你在社会上就势必成为孤家寡人，没人会瞧得起你。有钱了更要积德，以德驭财，厚德载物。

　　他讲到自己平凡的起点。小时候父亲就告诉他，长大后要做城里人，到县城生活，所以跳出"农门"成为周儒欣最初的人生理想。然而今天，他不仅摆脱了农民的身份，甚至走得更远，走到了北京，还过上了不错的生活。更重要的是，他知道这些改变也并不是完全取决于自己。当然，自身的努力很重要，但仅有自身的努力是不够的，假如没有改革开放，假如没有恢复高考，假如没有遇到好的老师，一个周儒欣浑身是铁又能打几根钉。

　　与个人改变命运的道理相同，北斗星通能发展到今天，除了自身的努力之外，并不是北斗星通有什么了不起，要记住自己的幸运，更要感谢中国市场环境的优化和各路"贵人"的鼎力支持。周儒欣提出了"感恩、责任、包容、厚德"的理念，希望公司战友们能够引之为做人和做事的准则，不忘一起奋斗的初心。

　　乍看起来，这是最普通不过的四个词。但是在周儒欣解释过之后，我们才了解到，每个词其实都包含了他的思考。"感恩"相对好理解，因为作为一个政策性和伴生性非常明显的产业，北斗产业的诞生和发展都离不开国家政策和资金的支持，而北斗星通作为业内的龙头企业，更是离不开政府和客户的鼎力相助。周儒欣举例说，如果没有中关村管委会的盛情邀请，如果没有证监会领导的热心鼓励，北斗星通哪能做到"百日过会"的奇迹呢？是国家对民族工业的高度支持才造就了今天的北斗星通。他最常说的是，我们要感谢邓小平，我们是遇上了好的时代，没有改革开放也就没有民营企业，更没有今日的北斗星通。没有国家政策，没有当下的时代氛围、社会环境，我们本事再大也干不成大事。

"责任"，是周儒欣用的第二个词，但这里的"责任"不是大家一般理解的"爱岗敬业"，他其实想表达的意思是"正视个人价值"。正是由于北斗星通的上市离不开各方的支持和爱护，因此上市不是周儒欣一个人的事，也不是高管团队几个人的事，而是所有利益相关者，包括政府、客户、员工共同努力的结果。因此，周儒欣指出了"责任"的说法，是要大家正视自身价值所在，或者用他更直白的说法是"兄弟你没那么牛"。上市之后就想"享受享受"的人，其实是错误地估计了自己的作用。

"包容"，针对的是周儒欣经常提到的"小农思想"。他认为，中国今天大部分的城市人口都是农民出身，身上残留着许多恶习，用鲁迅的话讲叫"劣根性"，包括拉帮结派、窝里斗、排挤外人等。笔者问周儒欣，这种说法会不会让人觉得你歧视农民。他说他就是农民出身，如果说歧视，那他首先在歧视自己。由此可见，他这种严峻的批判其实也是一种自我批评、自我警醒。他认为，企业发展需要不断吸收人才，而且企业发展的层级越高，就越需要高水平的人才，但如果企业中存在这种狭隘的小农思想，是吸引不到高素质人才的，即使能把人忽悠来也待不久。因此，周儒欣希望现有的高管团队可以打开心胸，接纳更多的贤才加盟北斗星通。

"厚德"，是指北斗星通在收获的同时，还应该不忘初心，回报自己的员工以及支持自己的伙伴和政府。周儒欣认为，企业的诞生和发展都来自于社会的土壤，因此企业绝不是企业家一个人的。尤其是企业做到一定规模之后，其一举一动更是关乎成百上千的家庭和组织，因此必须拿出一部分精力来，由内及外地回馈社会，承担起应负的社会责任。在重塑了高层的团队风气之后，周儒欣在会议上提出了第二项重要议题，即公司上市了之后，下一步该怎么走。

　　周儒欣依然记得 2000 年公司初创的时候，自己为了融资跑了多少趟腿，却一无所获。今天公司上市了，有了非常好的融资渠道，资金应该怎么使用才是最有效率的，怎么才能不辜负股东的投入。做企业往往会遇到这种难题：缺钱要操心，不缺钱更要操心。

　　周儒欣的一贯原则是：融资是为了做事。因此，他与高管们一起探讨，接下来的"事"该怎么做。上市过程中就有人提出北斗星通对于国际业务的过分倚重：从北斗星通 2007 年前的业务分析报告可以看出，北斗星通对诺瓦泰相关业务依赖性过高，其业务比例达到惊人的 80%，其中大客户业务占到59.8%。一旦国际市场形势有变，公司必将遭遇重大冲击。上市后要更上一层楼，周儒欣提出了"转型升级"的要求，认为北斗星通接下来必须充分发挥上市公司在融资上的优势，补足缺乏自主知识产权业务的短板。

苦练内功，转型升级

　　巴菲特语：潮水退了才能看出谁在裸泳。

　　务虚会之后，北斗星通加速了"转型升级"策略的实施，周儒欣将其总结为"强化技术、强化管理、强化队伍、强化业务"。按照周儒欣的口头禅，这四个强化可以称为"练好内功"。

　　强化技术，是指通过募投项目的实施和购买知识产权为主要措施，加快技术竞争力建设。所谓"募投项目"，是指企业通过 IPO 或再融资募集来的资金投产的项目，简称募投项目，是专门针对上市企业而言的。在这个行业里，技术是企业最重要的核心竞争力之一。因此，北斗星通力图抓住自身上市的优势，以资本换时间，通过募投项目将自身的资本优势转化为技术优势。

　　强化管理，是指完善优化以制度为基础的管理体系。内部的制度管理是企业在高速发展中普遍遇到的难题，许多民营企业都因为制度脱节而丧失了更好的发展机会，这一点在许多家族企业中尤为明显。比如知名餐饮品牌"真功夫"，就是因为内部制度建设不力，导致创始人之间发生内讧，直接导致了企业的萎缩。因此，北斗星通在转型期进一步规范了管理制度：一是建立和完善了适合公司发展需要的薪酬福利和员工激励制度体系，使越来越多的骨干员工的个人利益与公司利益挂钩、一致起来，形成拴心留人、吸纳新人的有效激励机制，充分调动全体员工的劳动积极性和创造性；二是建立和完善知识产权管理、财务管理、信息管理、行政管理、人员管理等制度体系，优化内部流程，达到信息和知识充分共享、文件高效高质流转、降低管理成本、提高管理效益的目的。

强化队伍，是指加强各级管理班子建设、加强职能部门建设、加强业务骨干队伍建设，以及加强人才的培养与培训。概括起来就是"三建设""一培养"。其中，重点有三个：一是要形成"上级经理—下级经理—员工"的自上而下指导培养、自下而上推动、上下之间互动的工作氛围和机制；二是要建立年轻员工培养培训制度和晋升机制，使更多的优秀年轻员工能够脱颖而出；三是要选派部分优秀人员参加国内国际考察培训。在团队建设方面，北斗星通可谓下足了工夫。

为了完善制度和队伍建设，北斗星通决定从外部引入具有大型企业管理经验的人才。在当时主管人力资源的"老局长"赵庆瑞的推动下，现主管公司人力资源的副总裁黄治民走入了周儒欣的视野。

黄治民，中国人民大学劳动经济学硕士毕业，曾长期服务于用友软件工程有限公司，历任人力资源部经理、高级咨询顾问、人力资源总监。2008年11月加入北斗星通公司，任人力资源总监，2010年5月起任北斗星通公司副总裁。

黄治民后来讲，自己是否愿意换一家新公司主要取决于四点：第一是老板，第二是行业，第三是团队，第四是美誉度。在与周儒欣和北斗星通深入接触之后，这四点疑虑顿消。第一，周儒欣的朴实、热忱让黄治民非常折服；第二，北斗是名副其实的高科技行业和朝阳产业，用黄治民的话说，"我原来在用友做软件，以为自己干的是高科技，但在了解了北斗星通的产品之后，才知道什么是真正的高科技"；第三，北斗星通的团队非常务实，大家都是做事的人，团队内部氛围非常简单，没有办公室政治，这点让黄治民非常放心；第四，北斗星通是业内龙头，业内美誉度非常之高。

更重要的是，北斗星通是一家有梦想的企业。

黄治民仍然记得自己第一次参观北斗星通的时候，看到办公室墙上贴着"使我们的生活更美好"的标语，顿时觉得非常震撼，觉得这家企业不管在当时做到了什么程度，但起码其梦想的"档次"或者境界是非常高的。最终，黄治民决定加盟北斗星通，主管人力资源工作。

黄治民是一个工作非常细致的人，在他的主导下，北斗星通的薪酬体系和绩效考核体系都得到了更加科学的梳理和强化，企业管理和队伍建设都上了一个台阶。

强化业务，主要表现为"内生外长"。所谓"内生"，是指深化和扩展北斗星通现有的三大业务，其中的重点是发展北斗业务，逐步摆脱对国外技术和产品的依赖。这一决策的做出，显然是受到国际业务在金融危机中"跳水"的影响。

在快速成长时期，北斗星通为了生存而建立了以国际业务为核心的经营模式，但显然这一模式并不持久，还是要回归到北斗星通的初衷——北斗业务上来。在对北斗业务的强化上，北斗星通设定了两条战略，其一是重大专项战略，其二是占位"北斗二号"。

所谓"外长"，是指在"合作多赢"的指导原则下，通过两方面的运作促进发展。一方面，在产业链层面上，与合作伙伴建立"共同成长、共同发展"

的共赢机制，打造优质的竞争价值链；另一方面，在资本运作层面上，通过与盈利能力强、管理规范的导航定位企业进行合并，靠外延扩大公司规模。

也许这也是命运的巧合，就在务虚会的幕布落下不久，北斗星通的转型升级战略刚刚启动的时候，那场震荡全球的金融危机便在 2008 年汹涌袭来。

涉足驾考，渡过金融危机

金融危机席卷全球，对于很多乐观扩张的企业，相当于当头泼下一瓢冷水。

这一年，刚上市不久的北斗星通也遭遇了挑战。首先从产业机构上，卫星导航产业与金融的结合向来紧密。因为芯片制造和导航系统建设前期投入巨大，因此往往需要借力各种金融工具，比如信贷、融资租赁、资产证券化等。最直接的困难就是信贷变得更加艰难了，许多业内企业由于信贷规模的急剧紧缩而出现规模萎缩乃至现金流断裂、企业倒闭。

然而北斗星通还是大大低估了金融危机的影响。2008 年下半年，北京市召开金融危机研讨会，会上许多企业都表示经营困难，只有周儒欣没说话。领导问周儒欣，金融危机对北斗星通有什么影响。周儒欣说："我们是做高端、专业领域的企业，是吃专业饭的，金融危机对我们没什么影响。"

然而会议之后不久，北斗星通就遇到了影响。

除了信贷等金融成本变高，金融危机还为北斗星通带来了一个强大的竞争对手——美国天宝公司。天宝公司是一家专门做 GPS 导航产业的企业，也是诺瓦泰的主要竞争对手之一。在金融危机之前，天宝公司在美国本土的业务非常顺畅，因此对中国市场的切入程度比较低。然而，金融危机使天宝公司的本土业务大幅下滑，因此它开始大力开拓中国的 OEM 板卡市场，而其竞争策略就是低价。

这样一来，以代理诺瓦泰产品为主的北斗星通，就遭遇了一场十分惨烈的价格战，2007年务虚会的预言不幸成真。

北斗星通在国内的板卡市场占有率由90%逐渐下降到70%、60%，最后跌到了30%。更关键的是，几个极为重要的下游客户在金融危机的影响下也开始考虑更换供应商。诺瓦泰负责全球销售的副总裁Graham Purves也受到了诺瓦泰董事会的压力，并开始向北斗星通频繁施压，形势已是千钧一发。

时任公司总裁的李建辉，因此承受着相当大的压力。他一方面要跟周儒欣一起安抚诺瓦泰，另一方面还要思考如何处理市场上这种巨大的劣势。经过一番分析和思考，北斗星通高层认为，以公司现在的技术和资金实力，无法和天宝在现有市场进行硬碰硬的竞争，只能考虑开拓新的市场。然而，新的市场在哪里？

一番痛苦的摸索、碰壁、试验和挖掘，北斗星通找到了一片还未被占领的新市场——驾校市场。

驾校是如何跟导航定位发生关系的呢？受过驾校培训的老司机都知道，前些年中国的驾校考试是由考官来监考的，考官是考生能否通过考试的唯一决定者。这种做法带来一些问题，人为因素影响着培训质量，也为腐败带来了空间。如果利用高精度的导航定位设备，记录考生驾考全过程，让科学数据说话，这样考生过与不过，一目了然，客观公正。

这真是一个从没有人涉足过的市场，而且市场空间非常大。经过一系列的可行性研究、技术研发、测试，北斗星通以最快的速度开发出了一套可以应用于驾照考试的系统，能将考生的行驶轨迹进行记录、存档，从而实现了对部分科目的无人监考。同时，这套系统的存档功能还帮助交通部门实现了问责机制——假如有考生在获取驾照后引发重大交通事故，交通部门便可以立即调出考试档案，从而追踪驾照考试时是否有舞弊行为，这对监考人员和驾校都能起到很好的监督与威慑作用。

在驾校市场的开拓中，现任公司副总裁的刘孝丰负责销售工作，成功地将许多市场需求转化成了产品销售和收入。有意思的是，在推出一段时间之后，北斗星通的这款产品由于实在太"牛"，一度出现了脱销的情况，甚至有人因为一时拿不到产品扬言要找刘孝丰算账。

在金融危机面前，北斗星通安全渡过难关，初步解决了自身发展难题。

重大专项，一举两得

所谓"重大专项战略"，是指北斗星通抓住国家对北斗系统建设和应用的重视，发挥自身行业积累的技术优势，争取承担"北斗重大专项"。重大专项，全称为"国家重大科技专项"，是我国为了实现国家目标，通过核心技术突破和资源集成，在一定时限内完成的重大战略产品、关键共性技术和重大工程。在全国的重大专项中，北斗重大专项是其中之一，由中国卫星导航系统管理办公室（业内简称为"北斗办"）主导。

北斗行业的产业特征有政策性、高科技性和伴生性等特点。其中"高科技性"除了我们通俗意义上的理解之外，其实还隐藏着一个重要信息，那就是其产业的正外部性。

正外部性是一个经济学术语，意为一个人或组织的行动和决策对外部造成了额外的正向收益。比如卞之琳的名句"你站在桥上看风景，看风景的人在楼上看你；明月装饰了你的窗子，你装饰了别人的梦"，其中的"你"在无意中为别人的生活增添了情趣，这就是正外部性。

对于北斗产业，其正外部性表现在，企业基于市场目的研究或技术突破，经常能成为国家层面的科研成果，并让全行业共同受益。对于这种正外部性，一般是由政府等公共组织对正外部性的贡献者进行经济或其他形式的补偿，以激发其主观能动性。

北斗星通其实在一开始就注意到了这个逻辑。周儒欣下海之初一手开创的京惠达公司,便获得不少政府科研经费的支持。比如,京惠达在 1996 年研发的"RDS/DGPS 移动目标监控与管理系统",既在市场层面应用到了银行运钞车的监控与管理上,又在国家科研层面做出了 GPS 应用的突破,因此获得了国防科工委卫星应用项目的经费资助。

北斗星通独立开拓的重要业务——海洋渔业应用系统,也实现了这种一箭双雕的效果。一方面,在市场需求层面上,渔船管理单位需要随时了解下属渔船的位置并向其发布信息,实现对所辖渔船船位的动态监控与管理,并为渔民提供紧急救助服务以及相关信息服务;另一方面,在科研层面上,这在北斗系统的民用开发和应用上都是一项突破和创新,具有极高的科研价值。因此,国家 863 计划支持了北斗星通的"北斗卫星海洋渔业综合信息应用服务"课题,并提供了一定数量的科研经费,这对融资艰难的民营企业的发展是十分重要的。

提出重视北斗重大专项的人是邹光辉。他发现了北斗重大专项对北斗星通可能带来的巨大商机,提出将其放到战略位置。

邹光辉:现任北斗星通惯性导航板块的董事长,曾任中国航天科技集团旗下的火箭股份公司的副总经理,是体制内的杰出人才,后来受周儒欣邀请加盟至北斗星通。

北斗星通北斗重大专项领导小组成立。主管科研开发的副总裁胡刚担任组长,研究切入北斗重大专项的原则、方向和策略。在这些基础工作完成之后,又面临着一个重要问题,即项目主题从哪里来。北斗星通又发挥了民营企业天然的优势——坚持需求导向,从市场中发现问题,这样既能满足市场需求,又能完成科研任务,一举两得。

于是，北斗星通发动了一场由上而下的头脑风暴，向各个业务单元征集项目主题，梳理出了 9 个有价值的项目，取得了市场效果和科研效果的双重突破。

2009 年 3 月初，北斗星通有两个项目先后获得国家专项支持，被列入国家高技术产业发展项目计划卫星应用专项及国家资金补助计划，分别是："BD/GPS 双频兼容接收机及芯片高技术产业化示范工程"项目和"北斗/GPS 海洋渔业生产安全保障与信息服务高技术产业化示范工程"项目。"BD/GPS 双频兼容接收机及芯片高技术产业化示范工程"项目主要是推动卫星导航定位双频兼容接收机整体技术的应用，实现北斗/GPS 兼容接收机的基带处理芯片等产品的产业化。这个项目获得了国家 800 万元的资金资助，主要用于项目的产业化研发和工艺技术示范。而"北斗/GPS 海洋渔业生产安全保障与信息服务高技术产业化示范工程"项目主要是推动北斗/GPS 系统船位监测和综合信息服务的应用，实现基于北斗/GPS 船载终端等产品的产业化。这个项目获得了国家 1000 万元的经费支持。

> 周儒欣有一个观点：做企业一定是借势，所谓时势造英雄。这一观点与其他业界前辈比如柳传志、李嘉诚等不谋而合。做企业不能与大环境拧着来，而应该顺应时势，以最小的成本获取最大的收益，这样才能在让各方都受益的同时，获取自身的发展。而以重大专项为代表的多赢模式，便是对"借势"的最佳诠释。

占位"北斗二号"

在北斗星通的"内生"业务中，第二个就是对"北斗二号"系统进行"占位"。

　　既然国家已经建设了"北斗一号"系统，并且已经能够良好运行，为何还要建设一个"北斗二号"系统呢？其实，在策划"北斗一号"之初，"北斗二号"就已经被列入计划之中了。"北斗一号"服务的范围主要集中在我国国内，是一个局限性相当明显的系统。而按照国家的规划，我国的北斗卫星导航系统其实有着更大的"野心"：即通过"三步走"战略，实现全球范围内的全天候、高精度导航和定位服务。

　　第一步，是建立覆盖我国大部分地区的"北斗一号"，通过系统的建设来积累技术和经验。2007年2月3日，"北斗一号"第二颗备用卫星发射成功，标志着我国的第一步战略已经完全实现。

　　第二步，是建立覆盖亚太地区的区域导航系统。2004年，北斗区域卫星导航系统正式立项。2007年4月14日，我国第一颗第二代北斗导航卫星发射升空。这颗不再以"试验"冠名的北斗导航卫星顺利升空，标志着我国自行研制的北斗卫星导航系统进入新的发展阶段。2012年完成16颗卫星的发射。2015年7月，我国又发射了2颗北斗卫星，已完成19颗卫星的发射，建成了覆盖亚太区域、形成区域无源服务能力的北斗区域卫星导航系统。

　　第三步，就是建成由3颗静止轨道和27颗非静止轨道卫星组网而成的全球卫星导航系统，全面实现对美国GPS的超越。

　　北斗产业是一个带有垄断性的行业，占据有利"地段"对业内企业来说非常重要。更重要的是，"北斗二号"系统是完全不同于"北斗一号"的新系统，其功能更加强大。"北斗二号"系统由空间卫星系统、地面运控系统和用户应用系统三大部分组成。在工作原理上，"北斗二号"的空间段卫星会连续向地面覆盖区域内的用户发射信号，而地面用户在接收到至少4颗卫星信号后再进行定位测算。因此，"北斗二号"的服务区域比"北斗一号"更为广泛，且信号功率更强、位置测算更为精准，因此其在商业上的前景必定更加广阔。

毫无疑问，如果对"北斗二号"的发展无动于衷，北斗星通将在新一轮的竞争中被对手甩在后面。但以周儒欣为核心的北斗星通高层同时认为，假如对"北斗二号"介入过深，同样会对公司的发展造成不利影响。因为作为"北斗二号"这样一个巨大的项目，其建设周期受到太多不可控因素的影响，因此几乎不能准确预测。北斗星通毕竟还是属于中小企业，可利用的资源也是有限的，如果将太多资源投入到"北斗二号"，很可能被"北斗二号"过长的建设周期给"拖死"。

> 北斗星通将其"北斗二号"战略命名为"占位"，像下围棋一样布局，哪怕眼下还是一颗"闲子"，也就是在力所能及的范围内，至多承接一个"北斗二号"的专项，这样可以在保证公司安全的同时，获得"北斗二号"应用推广的入场券。既不是大举进攻，又不是无动于衷——在对"北斗二号"的战略上，北斗星通体现出来一种精妙的平衡感。

2005 年，北斗星通通过多方努力，与郑州测绘学院合作，向国家争取到了名为"主控站数据管理与应用系统"的项目。这里的主控站，是"北斗二号"地面运控系统中最为核心的组成部分，"北斗二号"所有的定位数据都要从主控站经过。之所以申请这样一个项目，是出于两方面的考量：其一，北斗星通在"北斗一号"业务中已经在数据管理方面积累了一定的经验和优势，因此对项目比较有把握；其二，主控站作为"北斗二号"地面运控系统的数据中枢，其中可挖掘的商业潜力非常之大——想象一下，数以千万计的移动目标的数据都掌握在北斗手中，这与时下流行的基于地理位置的娱乐、购物、社交等手机端客户平台（APP）有何不同？这正是近两年来流行的大数据思维的产物，其中的想象空间非常巨大。

就这样，北斗星通以较低的成本在"北斗二号"系统中布下了一着好棋。这个阶段的北斗星通，已经度过了生存关，开始把精力投入更长远的战略布局。

政策利好下的产业爆发

作为继美国 GPS、俄罗斯 GLONASS 之后第三大成熟的卫星导航系统，中国自主研发的"北斗"正通过不断增发卫星，以期在 2020 年形成全球覆盖能力。

对于大多数普通民众而言，相对于太空中的进展，可以应用于生产、生活的终端设备才是最实实在在的体验。2013 年，以国务院发布的《国家卫星导航产业中长期发展规划》为代表，国家机关、各行业主管部门、地市级政府机构等陆续发布了有利于北斗产业发展的政策指导文件，产业因这些政策红利而出现明显的爆发态势。

在目前美国 GPS 产品占据市场多数份额的大背景下，加速"北斗"应用产业化、扩大市场占有率的关键是什么？《国家卫星导航产业中长期发展规划》认为，用北斗/GPS 双模芯片代替 GPS 芯片是今后北斗产业的发展战略。中国卫星导航系统管理办公室应用产业化专家组成员、和芯星通科技（北京）有限公司 CEO 胡刚，在 2014 年年初接受北斗网记者的采访中谈道，未来可以在北斗加入后变化成效较明显的领域大力推广北斗/GPS 双系统兼容，如高精度测绘领域，完善已有的解决方案。此外，需要创造新的卫星导航应用领域，尤其是在政府没有想到、没做引导的行业开拓新的应用和服务，如渔业、驾考等领域，使北斗应用向纵深发展，向行业和专业化领域发展，从而赢得更大的发展空间，培育新的市场。比如不久前在澳门国际机场安装完成并投入使用的北斗卫星实时沉降监测系统就是用双系统兼容设备代替单系统的成功案例。

澳门机场地面沉降原本使用 GPS 单一系统进行检测，在安装使用北斗/GPS 双系统兼容监测终端后，监测数据精度和可靠性大幅提高，监测系统得到了较为明显的改善。

这一系统的安装缘由，还得从澳门机场本身说起。

澳门机场采用人工填海方式兴建，是世界上完全建筑在海上的第二个机场，由于澳门比邻生产厂房密集的中国珠海经济特区，海陆交通便利，所以自投入运行以来就成了亚太地区理想的货运及速递中心，但它建于海上的特点却使它的跑道道面易出现裂缝、沉降等现象，所以对机场跑道及停机坪进行连续期的监测尤为重要。

2013 年，我国北斗卫星导航系统已经实现了向亚太地区提供连续无源定位、导航、授时等服务，未来还将实现对全球的覆盖。借此契机，叶正大将军为感谢澳门特区政府修葺位于澳门的叶挺故居，将三套北斗卫星兼容 GPS/GLONASS 的高精度接收机赠送给澳门特区政府。

澳门特区政府决定将这批设备应用到澳门机场的实时沉降变形监测中，澳门特区行政长官崔世安要求澳门国际机场专营股份有限公司对北斗卫星导航系统进行研究。于是，机场专营公司基建部和北斗星通 GNSS 应用事业部监测业务部的同事们组成项目团队，承担了系统的研发实施工作。7 月 29 日，由北斗星通总裁李建辉带队，GNSS 应用事业部总经理庄朝文等人组成考察组奔赴澳门做实地考察，与澳门机场的团队进行了深入的需求分析讨论，确定了初步工作方案，以三套设备为采集系统的核心，结合数据传输系统、数据解算系统，形成由一个基准站及两个监测站组成的北斗卫星导航系统应用示范——澳门机场区域沉降实时监测系统。

8月2日，考察组向澳门机场主要领导作了考察工作汇报，并签署了技术备忘录，项目进入了正式实施阶段。回到北京，项目组高效完成了机场实施方案，5天之内便将方案提交给澳门机场，由澳门机场提交给澳门政府。方案得到澳门政府及机场的一致认可。

10月17号，由GNSS应用事业部工程师江式凤等人组成的项目实施团队再次奔赴澳门，进行设备软硬件安装调试、用户系统培训、用户手册移交等工作。5天的工作顺利完成，系统在澳门机场开始试运行，运行效果良好。虽然只是短短的5天，但它却凝结了此前一个多月项目团队的辛勤汗水和大量准备测试工作。经过近两个月的运行，系统运行情况良好。全天候高精度的监测数据极大地改善了机场对人工岛沉降变形的监测能力，保证了机场及飞机旅客的安全，同时为未来机场扩建打下了良好的基础。

12月12日中午，盛大的正式交付仪式暨北斗卫星实时沉降监测系统赠送仪式在澳门举行。澳门特区行政长官崔世安先生、叶正大将军、澳门运输工务司刘仕尧司长、行政长官办公室谭俊荣主任，以及澳门机场董事局马有恒主席、股东大会卢景昭主席、北斗星通公司周儒欣董事长等出席了仪式。

这是包括港澳台在内的中国机场首次使用北斗卫星实时沉降监测系统，也是承接该项目的GNSS应用事业部监测项目组北斗业务完成的第一个港澳台项目。这一系统开创了利用卫星导航技术监测机场跑道变形的先河，实现了我国自主开发建设的北斗卫星导航定位系统在澳门的应用，是北斗系统在行业应用领域的重要案例。利用我国自主知识产权的北斗卫星定位系统，确保了监测及机场运行的安全性、可靠性，为未来推广北斗应用起到了示范引导作用。

2014 年 6 月 4 日，周儒欣又到澳门，代表北斗星通与澳门国际机场股份有限公司签订了在澳门和葡语国家推广北斗应用的战略合作协议，再次坚定了北斗推广信念。

现在，北斗业务线正向国际延伸。

第十章

自主研发"中国芯"

民营企业的"中国芯"

"近一百多年来，总有一些公司很幸运地、有意识或无意识地站在技术革命的浪尖之上。在这十几年间，它们代表着科技的浪潮，直到下一波浪潮的来临。"

——吴军：《浪潮之巅》

中国人对自主芯片的渴求已经太久太久。

熟悉 IT 产业的人应该了解，在个人电脑领域，英特尔和微软是当之无愧的王者——微软以其 Windows 操作系统统治了软件市场，而英特尔则以其芯片占据了硬件的制高点。微软和英特尔以一种心照不宣的方式联合统治了 PC 产业，自然也获取了产业链内最高的利润，因此业内人士戏称之为"Wintel"（Windows + Intel）。

占据产业链内的制高点，是每个企业梦寐以求的事情。因此，自 20 世纪以来，IT 产业内有多家巨头级的公司纷纷向"Wintel"发起冲击，但无不以失败而告终。

芯片的意义不止商业利益这么简单。中国之所以被称为"世界的代工厂"，就是因为始终无法在核心技术领域建立统治力，所以只能停留在产业链的末端，靠代工来获取微薄的利润。因此，芯片之争不仅是企业之争，也是国家竞争力之争。

也正因为如此，每次有关于芯片的新闻出现，总是能引起国人和政府极大的注意力。然而不幸的是，国人的热情被一次次地浇灭。

首先是"汉芯丑闻"。2003 年，上海交通大学微电子学院院长陈进教授号称发明了国内第一个完全拥有自主知识产权的 DSP 芯片（数字信号微处理器）——"汉芯"。陈进也因此获得了政府提供的 1 亿元补助，以及无数个官方和非官方的荣誉，并以此为基础申请了科技部和国家发改委等多个项目的资金支持。然而，不久之后"汉芯"便被曝出造假，且造假手段极为拙劣——陈进是在购买国外芯片后将其标志磨去，改印成自己的标志后便谎称是自己研发生产的。

然后便是争议极大的"龙芯"。

龙芯是由中国科学院计算技术研究所主导研发的通用中央处理器，主导人物是胡伟武。与"汉芯"不同，龙芯的技术的确是自主研发的，然而研发出的产品却有很多硬伤，包括性能不足、功耗太高等，因此在市场化和产业化的推广上举步维艰。英特尔微处理器技术实验室的主管曾在某次接受采访时委婉地表示，"英特尔对'龙芯 2 号'的发展持欢迎态度，这样有利于培育中国芯片市场的生态系统"。其意思就是说，英特尔根本没有把"龙芯"当作竞争对手。

迄今为止，中科院计算所的龙芯项目已经穷尽所能，最终也没有走出国有科研院所的科技成果难以摆脱科技与市场两张"皮"的怪圈。或者说,梦想有了,但不能落地。

与计算机行业类似,导航产业的技术制高点也在于"芯片",其研发难度自然也是最高级别的。如今,这一技术难度最高、利润率最大的领域仍然被国外的产业巨头牢牢把控,包括前文提及的天宝,也包括北斗星通多年的合作伙伴诺瓦泰。

当北斗星通表示要研发芯片的时候,业内人士普遍的第一反应都是不相信。

业内人士的担心是有道理的。第一,北斗星通是一家以代理起家的公司,其贸易和市场属性非常强,但科研基因并不充足,而芯片研究代表了业内最高的技术水平,北斗星通能够实现这样高度的技术突围吗?第二,芯片研发投入是极其巨大的,起步资金至少都要几个亿,而且研发周期很长,北斗星通作为一个成立不到十年的民营企业,每年也就几千万利润,敢于拿出这么多的钱进行这场"豪赌"吗?第三,北斗星通作为上市公司,每年都要拿出增长业绩来向市场和股东做出交代,而一旦投入芯片研发,业绩下滑几乎是板上钉钉的事情,北斗星通能承受住这种压力吗?第四,科研和市场的结合并不是一蹴而就的,"龙芯"的惨痛教训就在眼前,即使芯片研发成功,北斗星通能够顺利将其产业化,避免科研和市场的"两张皮"现象吗?

上述问题,哪怕有一个处理不好,对企业来说都是"致命"的。20世纪90年代,财大气粗的摩托罗拉以其惊人的设想和胆量,试图完成前无古人、后无来者的"铱星计划",然而最终落得一度申请破产保护。后来许多人评论说,摩托罗拉"越界"了,是在试图以一个市场企业的力量,做一件国家规模的大事。

当周儒欣说出"北斗星通要做芯片"的豪言壮语之后,好心人劝他说,这根本不是民营企业干的事儿，应该是国企、央企乃至国家投资来干，希望周儒欣不要重蹈摩托罗拉之覆辙。

但周儒欣还是决定要做——不仅要做，而且要做成。北斗星通一贯的风格就是"说到做到、一诺千金、快速行动、细化落实"，说出去的话就像泼出去的水，吐出去的唾沫也要砸出个坑，不管前面有多少艰难险阻，只要决定了就必须要完成。

周儒欣是这样考虑的：第一，北斗星通即使在上市之后，大部分的业务和利润来源还是依托于代理诺瓦泰产品，依赖性太强、风险太大，而且2008年的金融危机也验证了这种危险，因此北斗星通急需具备自主知识产权的产品和业务。第二，"芯片"太重要了，是高科技集成产品。当今许多领域，因为我们不掌握核心科技而受制于人，导航产业有机无"芯"的局面必须要改变。

企业家毫无疑问以"盈利"为本分，同时还要有理想、有追求，把个人命运同国家、民族命运紧密结合起来。怀着"产业报国"的梦想，北斗星通在科技创新方面展示出了责无旁贷、舍我其谁的气概。

三顾茅庐，请能人"出山"

从2004年开始，周儒欣就在思考如何让北斗星通切入产业链的更高层面；到2007年公司上市之后，具备了一定的资金实力，才正式提出"转型升级"，发展芯片业务的构想；直到2009年，芯片业务才正式启动。

在此之前，周儒欣找到了韩绍伟。

韩绍伟，1965年出生，1986年本科毕业于武汉测绘科技大学，1997年获澳大利亚新南威尔士大学博士学位，2003年加入美国Centrality Communications

公司任总工、副总裁，并兼管其上海子公司（上海掌微电子科技有限公司，简称掌微），在掌微被美国 SiRF 公司收购后出任 SiRF 副总裁，主要负责 GPS 技术创新、系统集成芯片的研制和开发。曾任全球华人定位导航协会 CPGPS 主席，发表论文 140 余篇，获专利十余项，是导航领域国际范围内首屈一指的技术专家。

2008 年春天，周儒欣在广州市召开的全球华人定位导航协会举办的某次会议上认识了韩绍伟，当时的韩绍伟已经是 SiRF 公司的副总裁。两人相识之后在珠江宾馆的旋转餐厅吃饭，饭间韩绍伟表达了对北斗星通和周儒欣的欣赏和认可。他对周儒欣说，2007 年华人导航圈有两件大事，第一件是自己掌舵的掌微被 SiRF 收购，第二件就是北斗星通成功上市，颇有"天下英雄，唯使君与操耳"的气势。接下来他们聊到国际卫星导航产业的发展、国际竞争的态势和发展方向、中国自己的北斗卫星导航系统、中国在终端芯片和 OEM 板卡等核心技术上的空白以及北斗星通的机遇和挑战。韩博士也提出了随着 GPS 现代化，GLONASS 的更新和中国北斗二代的建设，为技术再次革新提供了可能，使企业有了弯道超车的机遇。

韩绍伟最后表示，以北斗星通的基础和周儒欣的魄力，如果能够在接下来的时间里操作得当，北斗星通一定可以在三年内成为具备国际竞争力的企业。

这次会面结束后，韩绍伟继续回美国工作，而周儒欣却被韩绍伟的话打动了。成为国际一流企业一直是周儒欣的愿望，那么如何才能达到呢？显然，从产业链布局上来看，北斗星通现有业务已经达到一个瓶颈，如果要向上游拓展，显然只有一个选择——就是将芯片战略落地，占据产业制高点。虽然北斗星通已经上市，具备了较好的融资渠道，但显然，研究芯片光有钱是不够的，必须具备扎实的技术实力。

因此，在一段时间以后，周儒欣又一次约见已经回美国的韩绍伟。由于两个人平时工作都十分繁忙，经过几次协调之后才在一个周末约在了上海。两个人在上海见面的时候已是下午，在酒店大堂简单吃了点饭便开始聊导航、聊产业链、聊芯片、聊国际化发展。结果两人越聊越投机，一直聊到第二天凌晨五点。

这次深入的交谈让周儒欣认定，韩绍伟就是自己一直在找的芯片人才。于是周儒欣坦诚道："绍伟，你说我们三年可以做到国际一流，怎么做到呢？我觉得把你请回来我们就能做到了。"他向韩绍伟提议设立一家新公司，参与北斗卫星导航系统的建设，开发高端导航定位芯片，攻克制约国内卫星导航产业发展的技术难题，形成具有自主知识产权的国际一流核心技术和核心竞争力，并直接向韩绍伟发出了加盟邀请。

韩绍伟没有立即答应，毕竟这是一件大事，意味着自己要放弃在美国优越的工作和生活环境，投入到一项前途未卜的事业中。但同时，韩绍伟也是"想做事"的人，周儒欣的坦诚和抱负也让他很受感动，因此表示自己需要再考虑一段时间。

2008 年 9 月，周儒欣率李建辉、秦加法赴美参加美国导航协会（ION）年会，这是世界上导航定位领域最权威的学术会议之一，韩绍伟当然也接到了邀请。周儒欣一行三人在参会之前，先一步飞到了美国硅谷，亲自去拜见韩绍伟，再一次向他伸出橄榄枝。周儒欣提议，由北斗星通出资建立一家以北斗为核心，专门研究高集成度芯片设计和核心产品开发的高科技公司，韩绍伟以自然人身份作为共同发起人，拿一部分干股，且出任新成立公司的 CEO，全面负责公司的研发和管理任务。

这一次韩绍伟终于被周儒欣所打动，下定决心接受周儒欣的提议，回国共创新的事业。会议结束后，周儒欣又在十月份再一次将韩绍伟邀请回国，并邀请了时任北斗办主任的杨长风做指导，三人一起坐下来探讨了芯片业务的发展战略。

2009 年 1 月 30 日，韩绍伟把辞职手续办理完毕，2 月 1 号便飞抵北京，带领其团队与北斗星通成功会师。

2009 年 3 月 8 日，和芯星通科技（北京）有限公司正式成立，公司定位于专业从事以北斗为核心、高集成度芯片设计和核心产品开发。

中国人向芯片领域又一次发起冲击。

成立子公司，造出中国芯

和芯星通成立了，业内一阵轰动。大家这才知道，周儒欣要做芯片不是说着玩的。

然而，对北斗星通的普遍质疑并没有停止，业内对这样一家以代理起家的企业要进行芯片攻坚充满怀疑。

在和芯星通成立之前，国内尚未出现真正规模批量的自主接收机芯片，国际上也没有真正意义上的支持多模多频架构、特别是支持我国北斗卫星导航系统的高品质芯片。卫星导航产业缺芯是国家重大的安全隐患，同时也是影响北斗系统发挥巨大经济效益的瓶颈。这些技术难题，北斗星通能够突破吗？

韩绍伟带领的和芯星通团队确实不负厚望，在很短的时间内就做出了突破。技术未动，理论先行。2010 年，在全球卫星导航系统国际委员会（ICG）第五届大会上，韩绍伟博士创新性地提出了"第三代卫星导航系统"和"第三代卫星导航接收机设计理念"。该设计理念是把不同国家的卫星导航系统统一在一个空间框架和时间框架中，这样实际上全球已有的 GNSS 系统就变成了一个统一的系统。和芯星通首先从理论上证实了"全球卫星导航大联合"的可能性。

芯片研发是一件很苦的事情，工序链很长，从算法设计、芯片设计、验证、做板子到做整机，从头做到尾，所有的环节都要验证，而且每个环节的交接工作很多，很容易出错；各部门的磨合也是个大难题，要配合默契，需要不断加强沟通、培养团队。对于和芯星通开发的 Nebulas 高精度基带芯片而言，测试任务最为艰巨，因为芯片基带模块功能强大，是当时支持系统最全、工艺最先进的卫星导航基带芯片，而且采用的是 SoC 架构，结构复杂、逻辑量大。Nebulas 芯片仅典型测试用例就以万计，每次发现问题并修正后都需要重新回归测试。

2010 年，和芯星通做出了实际成果。9 月 25 日，在北斗星通十周年庆典大会上，北斗星通发布了世界首款真正意义上的支持多模多频架构的 Nebulas 芯片。所谓多模多频，通俗地说，就是这款芯片可以接收到世界上现存所有导航系统的信号，无论是北斗还是 GPS，只要能够接收到其中任意 N＋3 颗卫星的信号，便能进行测算和定位。这款芯片在业内引发了轰动效应。因为之前也有同行号称研发出了类似芯片，但实际上都是"伪芯"，因为这些芯片的启动都需要 GPS 信号进行触发，显然这还是基于 GPS 的芯片，并非真正意义上的兼容芯片。因此，"两弹一星"功勋科学家孙家栋院士也对这款芯片做出了高度评价，并以 81 岁的高龄亲自出席了发布会。

韩绍伟也因为这一突破性的成果入选第五批国家"千人计划"。

和芯星通的成就甚至引起了中央高层的重视。2010 年 12 月 21 日，时任中共中央政治局常委、国务院副总理李克强在中关村调研，听取了北斗星通自主创新产品及产业化应用成果汇报。

在参观公司自主研发拥有完全自主知识产权的基于北斗的多模多频 SoC 芯片后，李克强副总理对公司的自主创新能力表示了充分的肯定。参观结束之后，李克强副总理殷切地说：北斗很好，北斗的应用对解决安全问题很重要，为此做出了贡献，北斗应用大有可为，一定要继续抓好。

受到社会和政府认可及鼓舞的和芯星通团队没理由不更加努力。2011 年，和芯星通在北斗重大专项实物比测中，基带芯片、OEM 板卡获得第一名，还在国内赢得了第一个北斗 CORS 终端的项目，获得了国内第一个万台北斗模块的订单。以亿计的资金投入终于有了第一次资金回报。

在这里需要对"北斗重大专项实物比测"做一个解释。北斗重大专项是由"北斗办"主导的，而"实物比测"则是"北斗办"专门针对北斗产业化应用所组织的"行业大赛"，所有业内企业都可以报名参加。比测本着透明、公平、公正的原则，对业内各企业的产品进行对比、评测，在客观评价当年各类产品的同时，也能对业内企业起到非常好的激励、督促作用。可以说，这项"比赛"是业内最权威的"赛事"，我们不妨称之为中国导航定位领域的"全运会"。北斗星通能多次拿到第一名的成绩，其产品的科技含量可想而知。

2011 年 6 月 12 日，第六届原中国 GPS 运营商大会在深圳会展中心隆重召开，为迎接"北斗导航"产业化浪潮，会议特更名为中国卫星导航运营商大会，这是国内 GPS 定位和运营领域最具影响力的会议。北斗星通控股子公司——和芯星通成为展会唯一一家从事北斗兼容 GPS 芯片及导航模块研制的企业，其研发的 Nebulas 芯片及基于该芯片的系列导航型产品引起了与会嘉宾的普遍关注。

2012 年 1 月 4 日，由品牌中国产业联盟发起的"2011 中关村十大系列评选"结果揭晓，北斗星通创始人、董事长周儒欣荣膺"2011 中关村十大年度人物"。此外，和芯星通的多系统、多频率、高性能导航定位 SoC 芯片荣获"2011 中关村十大创新成果"。

2012 年 8 月，和芯星通"基于北斗的多模多频高精度测量型 OEM 板卡研发及产业化项目"被列入国家战略新兴产业发展专项基金计划，和芯星通作为制造商获得补助资金 1120 万元。

2012 年 9 月 24～25 日，中国卫星导航定位协会主办的"首届中国卫星导航与位置服务年会"及"首届中国卫星导航定位展"在北京国家会议中心举行。年会主题为"举旗卫星导航，亮剑北斗应用，乘风位置服务，扬帆智慧物联"，标志着中国卫星导航定位协会的服务领域覆盖范畴由单一的全球定位系统应用扩展为卫星导航和位置服务两大热点领域。北斗星通携多模多频高性能 SoC 卫星导航芯片、UM220 导航模块、北斗车载/船载终端、北斗便携式指挥监控设备等一系列自主创新产品亮相展会。

经过四年的不懈努力，和芯星通在 2013 年全年完成销售收入 5000 多万元，增长约 200%，首次达到了财务收支平衡。这个成绩的取得，殊为不易。芯片研发是一个投资回报周期非常长的业务，和芯星通能在仅仅 4 年的时间内完成产品研发、销售和实现收支平衡，其速度已经是非常快了。

2014 年，和芯星通已经实现了盈利。从 2004 年的设想，到 2014 年真正靠"芯片"盈利，周儒欣和北斗星通用了整整十年。

"世之奇伟、瑰怪、非常之观，常在险远，而人之所罕至焉"（王安石《游褒禅山记》）。北斗星通所做的，恰是这种"在险远"的生意。它不同于在路边开个小店，今天开业，明天就能赚钱，而是需要持之以恒地投入大量资金和毅力，"故非有志者不能至也"。

这一步险棋，北斗星通又赢了。

两种思维方式的冲突

自甲午中日战争以来，中国人被西方列强用"坚船利炮"粗暴地打开了国门，中国人便日渐对"科学技术"产生了近乎迷信的崇拜：民国时期影响力最大的文化运动——五四运动，便大声呼唤"科学精神"；新中国成立后，新政府不断提倡"大力发展科技"，以举国之力进行"两弹一星"的研究和建设；随着邓小平先生提出"科学技术是第一生产力"的著名论断，民间更是演化出"学会数理化，走遍天下都不怕"的俗语；直到今天，类似"中国制造"的缺憾使得政府仍在大力提倡"科技""创新"的价值取向。

因此，我们就不难理解，为什么在商业领域也有一种"唯技术论"的论调，也就不难理解为什么柳传志在联想创业初期将倪光南摆在那样一种高度。倪光南是技术派的代表，我国最优秀的科学家之一，同时也是柳传志多年的良师益友，在联想创业时期任公司总工，为联想的发展立下过汗马功劳。

然而，"技术思维"和"商业思维"是两种截然不同的思考方式。技术思维讲究的是实验、证伪、逻辑，是一种相对封闭的思维方式；而商业思维更看重利润、合作、发展，是一种相对发散、开放的思维方式。因此，在某种程度上，倪光南和柳传志的冲突几乎不可避免。

1994 年，"倪柳之争"正式爆发。其中倪柳最大的矛盾是，倪光南主张投入 8000 万元进行芯片项目研发，但被柳传志否决了。已在市场上摸爬滚打十年的柳传志认为，联想当时的年利润不到 1 亿元，一旦投入芯片研发这个无底洞，联想将会遭遇生存危机，因此希望把钱投入到电脑组装生产线上。

最终，这场内斗以柳传志的"胜利"而告终，倪光南被免去总工程师的职务。对中国企业发展史稍有了解的人，想必都了解。

没想到二十年后，一个类似的故事在北斗星通上演。为芯片研发立下汗马功劳的韩绍伟，与以周儒欣为代表的北斗星通母公司发生了严重的冲突。

与"倪柳之争"类似，这种冲突一开始都是从管理的细节上慢慢积累起来的。据说当年柳传志治下的联想制度非常严格，开会迟到一律罚站，连副总经理张祖祥都被罚过站，但柳传志唯独对倪光南非常包容，甚至倪光南不参加会议都可以。柳传志认为，只要自己能调动公司就能节制倪光南，因此近乎无限度地包容他，甚至曾经对属下说出"跟倪总发生任何矛盾都是你的不是"这样的话。这都使得倪光南对自身分量的判断不断膨胀，认为自己的技术要比柳传志对公司的治理能力更加重要。

同样，在北斗星通，怀有"中国芯"梦想的周儒欣同样对韩绍伟给予了最大限度的尊重和包容。周儒欣也是军人出身，开会迟到被领导拍桌子怒骂的情景直到今天仍历历在目，因此在公司治理上也是非常严格的，员工着装不规范都要挨批评。因此，对比周儒欣一贯的标准，他在对待和芯星通和韩绍伟时，可以说相当"纵容"了。第一，周儒欣支持韩绍伟带领和芯星通团队独立作业，单独租赁办公室；第二，周儒欣规定，只要韩绍伟和和芯星通看上了母公司的任何员工，可以即刻"挖走"；第三，对于母公司各职能部门，周儒欣提出了"只帮忙、不添乱"的原则。

然而，从美国硅谷回来的韩绍伟，身上有一种典型的西方文化的影子，即凡事严格按照规则行事，规则之内即为合理。周儒欣的这几条规定，在他自己看来是一种表达爱护的方式，有一种传统中国人的"情谊"成分在；而在韩绍伟看来，这是设定的规则，我可以在规则允许范围内任意行事。因此，和芯星通的许多动作，对母公司造成了很大困扰。

首先，在单独租赁办公室的问题上，母公司认为和芯星通新租赁的办公室太过奢华；其次，在用人问题上，出现了这样一种情况：和芯星通挖走母公司某个员工后，用了几天觉得不合适，于是又立即将其"遣返"，对公司的人事造成了很大困扰；最后，"只帮忙、不添乱"的原则更是让各职能部门吃尽苦头，因为按照公司治理的一般原则，职能部门对业务部门一定要有某种程度的约束，但和芯星通只要觉得有些约束不舒服，便认定这是"添乱"，导致各职能部门在对和芯星通的管理上都不敢说话。

这种情况下，我们很难讨论谁对谁错，因为双方都"有理"：在受传统文化影响比较深的周儒欣看来，我敬你一尺，你当敬我一丈；然而在受西方文化熏陶较深的韩绍伟看来，既然我们都同意了某种规则，那么我在规则内做什么都是理所当然的。

2012 年，这种矛盾积累到了临界点。有一位被韩绍伟引荐进入和芯星通的常务副总裁向他提议，将和芯星通的控制权从母公司手中拿过来，再进行单独上市。韩绍伟接受了这个提议，并决定引入外部资本支持，削减母公司北斗星通的持股比例，因为按照中国的股市管理制度，如果子公司的母公司是上市公司，那么子公司本身是不具备上市资格的。

这种结果并非周儒欣和北斗星通创立和芯星通的初衷，因此周儒欣对韩绍伟的提议表示反对。然而，和芯星通是非常"烧钱"的，自成立以来每年都要亏损几千万，而公司的经营权又在韩绍伟手里，假如打击到了韩绍伟的工作积极性，对于母公司来说也是非常巨大的危机，很可能被持续的亏损拖入险境。

厘清母子公司管理边界

从 2010 年开始，周儒欣本人便处在内外交困的巨大精神压力之下，甚至一度同意了韩绍伟的方案。

其一，家庭内部出现了严重的危机，爱妻于 2010 年 8 月份被查出患了癌症，被送入医院紧急治疗，并于 2012 年 1 月 25 日不幸逝世。谈到妻子的离去，周儒欣在 3 年之后还是痛心难过。这是周儒欣生活中一件重大的负面事件，更是一次沉重的打击，他需要经过伤痛、内疚、怀念等种种复杂心理才能慢慢恢复常态。

其二，公司上市后，为了让员工共享公司发展的成果，北斗星通设立了股票期权激励计划。这个计划规定，如果能够顺利达成预期业绩，全公司将有 1/5 的员工获得公司的股票期权，2009 年被设定为第一个行权年度。然而受到金融危机和"天宝入侵"的影响，2009 年公司业绩受到严重的挑战。如果不能让业绩做上去，北斗星通将在第一个行权年度便宣告失败，这无疑会对全公司的士气造成严重的伤害。

为了实现第一年的行权，周儒欣几乎每个月都要把激励计划内的员工召集起来开座谈会，因为显然公司业绩不是周儒欣一个人能拉动的，必须依靠全公司的力量。为了调动大家的积极性，周儒欣甚至说了这样一句话："今年就是吐血，我也要让大家实现股票期权。"

一次会上，大家群情激奋，纷纷表决心要实现业绩目标。有的员工表示，就是站着进去、躺着出来，也要把客户拿下。面对同甘共苦、可敬可爱的员工，周儒欣突然再也控制不住自己的情绪，在一众高管面前失声痛哭。

年终，实现了第一年的行权。然而，这才只是第一年。按计划，股票期权激励要持续到2012年，而每一年都有对业绩增长的要求。业绩达不到，行权"泡汤"，周儒欣不会原谅自己，内心极度疲惫。

面对韩绍伟，这位曾经的好兄弟和尊敬的专家人才，周儒欣不忍看到分歧和争端，一度同意了韩绍伟的方案，觉得只要韩绍伟能把和芯星通做上市，那也是北斗星通为业内作了贡献。

在了解到外部资本为和芯星通搭建的财务模型之后，周儒欣认为韩绍伟不可能将和芯星通做上市。当时的情况是，外部资本在对和芯星通进行估值之后，决定拿出不高于1.2亿元的投资额，一部分资金帮助韩绍伟收购母公司所持有的部分股份，一部分用于和芯星通的日常运营。韩绍伟当时希望成为大股东，因此至少要拿出6000万元向母公司购买股份，然后在还清所欠两位股东个人的3000万元欠款后，只剩下3000万元可以用于公司运营。周儒欣和北斗星通的高层讨论后认为，按当时和芯星通的财务消化能力，3000万元只够和芯星通烧两个季度，而两个季度后和芯星通几乎不可能拿到新一轮的融资。在周儒欣看来，他可以接受和芯星通单独上市，但不能接受和芯星通破产出局，那将是把全部心血、投入统统付之东流的惨痛结果。

几番交涉无果，周儒欣和北斗星通决定强势介入和芯星通的管理。周儒欣和母公司的考虑是，韩绍伟作为专业技术人才，在为人处世和公司治理上缺乏弹性空间，他自己做 CEO 也是相当吃力，因此考虑让他另任公司首席科学家或总工程师，同时继续担任公司的董事会成员和股东。

韩绍伟对这一提议表示拒绝，并渐渐与母公司开始正面碰撞。在沟通不畅的情况下，母公司北斗星通决定采取强硬手段。2012 年 5 月 30 日，北斗星通以大股东身份发起和芯星通董事会会议，会议决议解除韩绍伟的总经理职务，由胡刚继任。韩绍伟对这一决议表示反对，并开始用法律和其他手段维权，包括向周儒欣发律师函、鼓动核心员工离职、向主管领导告状、在网络上发布公开信等，甚至包括将公司公章藏起来这种今天看来有点幼稚的举动。

面对韩绍伟这种公开化、白热化的冲击，周儒欣只得组建了一个由北斗星通高管组成的小组班子，专门解决和芯星通和韩绍伟的难题。大家经讨论后最终决定，不能继续"纵容"韩绍伟，"大不了把公司关了"。

周儒欣陷入了痛苦之中。

四年前，他曾三顾茅庐、拳拳相邀，只为联合最优秀的人才，弥补"中国芯"的空白。而今天，面对同一个韩绍伟，却演变成了这种剑拔弩张的局面。

胡刚走马上任，担任和芯星通新一任 CEO。经过这一番动荡，和芯星通的高层几乎全部换血，大部分员工选择留下。此刻，韩绍伟从硅谷带回来的团队运作机制和管理模式，起到了稳定团队的作用。作为一家科研型的高新技术企业，和芯星通的管理架构比较扁平，中下层员工已经在几年的磨合中培养出了"自生长"的能力，相互之间沟通顺畅，合作也比较融洽。同时，周儒欣也在介入管理之后为和芯星通继续注资，保证了公司的正常运营。

胡刚保留了原先大部分的管理体系，继续加大科研开发力度，注重营销，发布期权激励计划，持续调动员工的积极性。一年之后，和芯星通开发的芯片，获得国家科学技术进步二等奖，财务收支实现平衡。

三年后的今天，一切趋于平静。韩绍伟直到今天仍是和芯星通的第二大股东，每次开股东会都会到北斗星通大厦待上半天，与以前的老朋友、老同事聊聊天，正所谓"相逢一笑泯恩仇"。对于当年的冲突，双方都进行了更深层次的反思。周儒欣如今谈起当年的事情，还是有点懊悔自己不够坚持原则，韩绍伟也承认自己有些事情做得太出格。

然而与二十年前的"倪柳之争"不同，今天中国的商业文明已然发达太多，所谓"买卖不成仁义在"，周儒欣和韩绍伟最终没有走到倪光南和柳传志那种地步。

更重要的是，经过这一次危机，北斗星通的管理能力也实现了一次突破性提升。

> 和芯星通的危机，让原先隐藏在底部的一些管理漏洞暴露了出来，尤其是在母公司和子公司的管理边界上，存在一些权责不清晰的地方。这些漏洞的暴露，给了北斗星通和周儒欣一次反思、总结、改进的契机。

正所谓"杀不死你的东西只会让你更强大"。通过对和芯星通事件的处理，北斗星通和周儒欣在集团公司架构、人才管理等方面都收获了新的感悟。这些感悟，为北斗星通接下来"重拳"打出的并购和资本运作之路奠定了坚实的基础。

第十一章

资本运作助力跨越式发展

从"内生"到"外长"

"相关多元化"是近几年被频繁提及的战略策略之一，这也是北斗星通选择的发展路线。在"内生外长"战略中，"外长"的核心就是投资并购。

为什么要将并购放到这样一个核心的位置？这依然要回到北斗产业的特性：渗透性、融合性、寄生性，或者说政策性、高科技性、伴生性。

由于其寄生性和高科技性，北斗产业的门槛相对很高，创业企业要想切入这一产业非常困难，或者说这个产业用钱砸是很难砸进来的。另外，由于其渗透性和融合性，产业链相对驳杂，相关领域非常之多，企业与企业的距离也非常远，因此即使是业内的龙头企业，比如北斗星通，要想重新培育一个新的应用市场也相当困难，至少需要持续四五年的资金和技术投入。在这种情况下，以资本换技术、以资本换市场、以资本换时间就成了最优选择。

另一个现实特点是，北斗产业离完全成熟还有很长一段路要走。与相对成熟的 GPS 产业相比，北斗产业依然存在小、散、乱的特点。据业内不成熟的估算，在这个迄今为止只有 400 亿元规模的市场里，相关企业就达到了 1 万多家，可以说行业分散度非常之高。

"龙蛇共舞"可以说是一个新兴产业必经的发展阶段，但随着行业成熟度的提高，行业分散度必定会快速缩小。其实只要"对标"国外 GPS 产业的发展历程，大概就能描绘出一个北斗产业的前景：北斗产业必定也会像 GPS 产业一样，形成几家巨头共分市场的局面。而产业整合的最佳途径之一，就是由龙头企业对小企业进行并购。

比如曾在国内市场将北斗星通压得喘不过气来的国际巨头天宝公司，在 1990 年上市之后，便开始了持续的收购兼并之路，通过 70 余次并购，成功扩展了业务领域及服务方式，从最初的基础产品供应商成为以位置为中心的解决方案领导者，营业收入也从 1999 年的 2.7 亿美元增长至 2014 年的 24 亿美元。再比如近几年突然崛起的国际级"大腕"海克斯康（Hexagon），本来在导航领域内并无核心业务和绝对的技术门槛，但是通过高超的资本运作和 100 余次的并购，成功地发展成为一家提供地理信息和工业计量解决方案的全球性企业，2014 年销售收入达到 26.2 亿欧元，位列全行业第一。

因此，北斗产业的分化几乎是必然，产业整合几乎是大势所趋。

然而，作为"政策性"鲜明、受政策影响非常大的产业，北斗产业能否顺利走上产业融合的道路，还必须要参考国家和政府的态度。

如果我们翻开中国企业产业整合的历史，首先映入眼帘的是一场场血淋淋的"大败局"。从"全国最著名厂长"马胜利试图以相当初级和粗糙的手段整合全国造纸厂开始，到"德隆系"令人眼花缭乱的"产融结合"和资本运作，中国的产业整合以飞快的速度经历了从初级到高级的进化，但结局往往是败多胜少。在"科龙系""德隆系""飞天系"等一系列产业和资本集团纷纷败落的同时，国家也渐渐收紧了产业与资本的联姻政策。

形势在慢慢发生变化。就在北斗星通上市后一年时间，中国证监会于2008年4月出台了《上市公司重大资产重组的管理办法》，鼓励与支持并购重组创新，标志着上市公司并购重组迈入了规范与发展并举的新阶段。在受政策影响非常明显的中国资本市场，这对并购和产业整合是一个非常利好的消息。

北斗星通抓紧这一机遇，慢慢开始涉足资本运作并调整企业定位。在对自身的定位上，从原来的"卫星导航定位"修改为"导航定位"，去掉了"卫星"两个字，其意义再明显不过：卫星导航不再是企业的唯一发展方向，北斗星通的视角已经扩展到整个导航定位产业链。

北斗星通的扩张之路就此开启。

汽车电子板块基本成形

北斗星通的并购战略，并不是在一开始就这么清晰，而是在实践中一步步地摸索、总结出来的。

2009年开始，北斗星通开始面临比较大的业绩压力，而且直接关乎股票期权激励计划能否顺利实施。出于改善业绩的需求，北斗星通加速了自己的并购计划，开始在市场上频繁搜索、接触可能成为并购目标的企业。在这种情况下，一家名为徐港电子的企业走入了北斗星通的视野。

深圳市徐港电子有限公司（简称"徐港电子"）是一家专业从事车载导航系统、车载娱乐系统等车载信息系统的研制、生产与销售的企业，公司总裁是马成贤。

马成贤，曾任深圳嘉之华电子厂厂长、深圳市金玉成电子有限公司总经理，2001年起在深圳市徐港电子有限公司工作，任总经理、董事，现任徐港电子有限公司董事、总裁。

　　徐港电子是一家比北斗星通更为"年长"的企业，从 20 世纪末就开始生产车载手调收音机、电调收音机、磁带机等电子产品，并在 2006 年通过与西安 20 所合作切入 GPS 产品的开发和生产，并逐渐将生产重心转移至车载导航产品。

　　相对于北斗星通一直沉浸其中的专业市场，车载导航领域是一个相对大众化、应用化的市场，"高科技性"相对较弱，市场性更强。车载导航领域不像专业市场这样"高大上"，却是非常有"钱景"的一个领域。

　　第一，中国的汽车工业发展迅速，已经成为世界第一大汽车生产与消费国，现在已经在全球市场稳稳占据 1/5 以上的规模。第二，中国的车载电子设备尤其是导航设备的普及率远远低于世界发达国家的水平，较高的汽车保有量与较低的车载导航设备安装率形成明显的反差。比如在美国，汽车车载导航仪的前装比例大概在 60%，而中国只有 10% 左右。按照产业发展的规律，中国的车载导航设备的安装率一定会进一步上升，车载电子市场发展空间巨大。第三，车载导航市场的竞争并未完全白热化，仍然有较大的利润空间。对于更新换代极快的电子类产品，利润率一直是个难点。比如在成熟的个人计算机市场，受"摩尔定律"的影响，产业链的细分已经非常完备，产品纯利率只有 3% 左右，但车载导航设备的利润率迄今仍然可以保持在 10% 左右。因此，这是一块仍未被完全开发的应用市场。

　　车载导航也是一个"寄生性"非常明显的行业，它离不开产业链庞大的汽车工业。在汽车工业里，产业链的顶端是各品牌厂家，它们攫取了产业链里最高的利润，当然也在品牌建设上付出了最大的成本。而对于各类部件供应商来说，其实品牌的重要性相对较低——尤其是在前装市场，话语权基本掌握在汽车品牌手中。供应商需要做的，就是保持产品质量的稳定、可靠。

　　也就是说，在这个领域，企业间的竞争更多的是产品质量、精度、稳定性的竞争，根本还是在于管理、研发以及规模效应，而这些都是北斗星通可以提供给徐港电子的。首先，对于一直沉浸在专业市场的北斗星通来说，车载导航这类终端应用的技术门槛相对较低，自己成熟的研发体系完全可以掌控；其次，北斗星通作为上市企业可以为徐港电子提供低成本的融资渠道，有利于其扩展规模、压低成本。而对于北斗星通，徐港电子可以帮助其开拓一个崭新的应用市场，并持续提供稳定的现金收益。

于是双方一拍即合。2010 年 10 月 31 日，北斗星通以"收购 + 增资"的模式投资控股深圳徐港电子。基于以上"优势互补"的原则，北斗星通为徐港电子注入了较强的基础研发能力，并协助徐港电子引进了高端技术人才，壮大了研发团队。通过规范开发平台，完成了产品开发平台化整合，成功规划并定义了 G2.1、G3 与 G5 平台的研发，为徐港电子未来几年车载汽车音响的发展打下了坚固的基础，不仅有效地降低了成本，而且极大地提升了开发效率。

同时，由于有了北斗星通的资本支持，徐港电子开始快速扩张规模、压低成本，进一步增强了自身的竞争力。2010 年 12 月 17 日，徐港电子出资 2000 万在江苏省宿迁市宿豫经济开发区投资设立全资子公司——江苏北斗星通汽车电子有限公司（简称"江苏北斗星通"）。2010 年 12 月 21 日，江苏北斗星通汽车电子产业园建设项目说明会暨开工奠基仪式在江苏省宿迁市隆重举行。该产业园占地面积约 100 亩，厂房 50000 多平方米，力争打造成为国内一流、国际知名的汽车电子与导航产业基地。

依托于北斗星通自身在卫星导航领域的优势技术及行业经验，2010 年年底，江苏北斗星通启动了北斗车载导航终端的立项及研发工作。经过研发人员的共同努力，2011 年 8 月 26 日，江苏北斗星通联合江苏省有关部门、宿迁市政府在南京举行新闻发布会，宣布推出国内首款北斗车载导航仪。该产品融合了北斗系统与 GPS 组合定位，同时具备音频、视频、无线电视、蓝牙智能电话、iPod 接入、灵动触摸屏、倒车雷达、无线通信等功能，相较于普通的 GPS 车载导航终端，其基于北斗 + GPS 的组合定位技术可以接收所有空间的北斗与 GPS 信号，实现更高精度和可用性。

而且，这款产品充分发挥了北斗导航定位系统独有的"短报文"功能，可传多达 120 个汉字信息的通信功能，使远离城市的车主在通信信号无法覆盖的区域也能通过短信进行通信。该产品的成功推出，打破了 GPS 系统在我国车载导航产业的垄断局面，有力地推动了我国北斗导航产业在民用及行业应用领域的发展，同时，为后续推进基于北斗的汽车物联网服务及应用奠定了坚实的基础。随着中国对外宣布北斗卫星导航系统将向全世界提供免费服务，具有国家安全意义的北斗车载导航仪的率先成功发布，对徐港电子面向集团用户的业务拓展具有重要意义。

在并购深圳徐港、组建江苏北斗之后，北斗星通汽车电子与导航板块的触角又延伸至重庆。重庆是国内重要的整车生产基地，拥有国家公告内汽车生产企业 24 家，包括长安汽车、长安铃木、庆铃汽车等。在重庆，北斗星通整合了当地一家重要的汽车电子制造商——深渝北斗。

深渝北斗自 1998 年开始做汽车电子业务，主营车载导航、车载信息娱乐等业务，主要客户包括了长安汽车、长安铃木、庆铃集团、重庆力帆等高价值整车厂商，屡次获得国家级的企业基金的支持。

2011 年 7 月 19 日，重庆深渝北斗汽车电子有限公司与北斗星通股权合作签字仪式举行，北斗星通通过控股子公司——江苏北斗星通汽车电子有限公司以股权合作的方式控股深渝北斗。这次成功合作，深渝北斗凭借北斗星通的支持和公司的本地化优势，通过研发创新、产业链的整合联动，为重庆市及西部地区客户全面提供基于我国北斗导航系统的汽车导航产品、车联网等产品与服务，做出了卓越的贡献。当时主政重庆的黄奇帆市长曾在 2011 年的两江论坛上讲到:"在重庆工业化的发展进程中,将特别推动战略性的新型产业发展。卫星导航产业,以及由卫星导航产业驱动的物联网、车联网产业在重庆将会有巨大的发展空间。"

对深渝北斗的投资,既是北斗星通支持深圳徐港进一步做大做强车载导航、车联网业务的重要举措,也是北斗星通支持深圳徐港布局西南市场的重要战略步骤。

至此,北斗星通"1 + 3 + N"(1 个北斗星通汽车电子与导航经营管理总部,江苏、深圳和重庆 3 个基地,N 个国内、国际经销商)的组织结构和"前装 + 后装 + 出口"的业务结构逐渐清晰,汽车电子板块发展战略也基本成形。

"并购就像谈恋爱"

对于并购,周儒欣也在"摸着石头过河"的实战中渐渐总结出了一套自己的理解和策略。关于并购,他讲过一句话叫"并购就像谈恋爱",非常形象地总结出了北斗星通的并购之道。

在"恋爱对象"的选择上,除了要符合优势互补的原则,周儒欣还特别看重"人",也就是目标企业中关键人物的素养、性格和能力。第一,要是"诚实人",这是底线;第二,要"有追求",这是未来得以长期共事的基础;第三,要"做成事",这是个人和团队能力的保证;第四,要"相互尊重",这方面更是对自己的约束,不能因为自己握有资本优势便目中无人、颐指气使。

在对被并购企业的管理上,周儒欣认为并购是合作而不是打碎了重建,应对目标企业原有的市场利益表示充分地尊重,并尽量保留企业原有的团队、架构。对子公司的管理要掌握一个合理的"度",太松了不行,太紧了也不行。母公司更多的工作应该放在对制度、规则和流程的梳理和把握上，而不是事无巨细地一一过问。

在这种原则的指导下，北斗星通也在内部慢慢建立起了自己的并购团队和战略发展中心，开始有计划、有层次地推进并购业务的发展。

2011 年 3 月 9 日，北斗星通宣布与深圳华云通达通信技术有限公司（简称华云通达）达成合作协议，北斗星通以"现金增资"的方式投资华云通达，增资后北斗星通持有华云通达 33.5% 的股权。华云通达由中国华云技术开发公司等 5 家企业法人于 2009 年 7 月共同成立，是一家专业从事卫星预警信息接收机、卫星通信气象数据广播系统开发、销售和相关技术咨询的高科技公司。

北斗星通入股以后，华云通达通过实施北斗气象应用产业化示范工程，开始逐步实现卫星导航产品、卫星通信技术在气象行业的广泛应用。在这一方面，北斗星通和华云通达在气象领域存在着典型的业务互补关系，这是北斗星通拓展卫星导航技术与产品在气象领域应用的重要举措，也是北斗星通实施战略扩张的一个良好契机。

一个月之后的 4 月 8 日，北斗星通股东会审核并通过了北斗星通以收购增资的方式控股北京星箭长空测控技术股份有限公司（简称星箭长空）相关事项。4 月 10 日，北斗星通与星箭长空合作后的第一次股东大会暨新一届董事会第一次会议在星箭长空举行。

星箭长空成立于 2003 年 7 月，2009 年 1 月公司整体变更为股份有限公司，主营业务是惯性仪器仪表、导航设备、测控系统的设计、开发、生产、销售及相关服务，在惯性器件研制与生产领域居于国内领先地位。

与星箭长空的合作既符合北斗星通战略扩张的需要，又在业务上与星箭长空保持了良好的互补性，满足了公司快速发展的需要。同时，双方的合作也符合导航技术向卫星导航和惯性导航相结合的应用发展趋势，并有助于北斗星通打造和提升军工板块的整体竞争优势，大大增强了公司在国内军工领域的行业地位和企业形象。

2011 年 12 月 22 日，星箭长空通过了航天一院组织的某型号项目生产条件现场检查，并于 2012 年 4 月 13 日通过了该型号产品的样机评审和工艺鉴定。至此，星箭长空具备了该型号产品的承研、承制条件和生产能力。2012 年 3 月 14 日，星箭长空通过了由总装备部北京军事代表局组织的"远火"加速度计生产条件鉴定审查暨首批产品质量评审，并已承研、承制了多种"远火"系统加速度计。3 月 16 日，星箭长空又通过了由航天三院组织的两方审核，并进入航天三院的合格供方名录。

通过一系列的并购，北斗星通的基本盘越来越大，逐渐坐实了行业内"龙头"的地位。

双雄加盟，如虎添翼

在 2015 年之前，北斗星通的并购基本上延续了并购徐港电子的思路，是"以资本换市场""以资本换时间"的典型，更多的是北斗星通基于市场和业绩考虑的并购。然而随着公司实力的不断增强和并购经验的不断丰富，这种类型的并购已经逐渐不能满足北斗星通的胃口。北斗星通的并购，逐渐向纵深方向发展，开始以资本换技术、换布局，开始了更大规模和更具技术含量的并购。

2015 年，经过长时间的谋划、商讨和设计，北斗星通成功并购了业内的"天线双雄"——华信天线和佳利电子。

天线，顾名思义，起到的是接收信号的作用。天线是导航中最重要的接收部件，相当于人的耳朵及眼睛，也是技术门槛相对较高的部件之一，其质量高低直接关系到整机的产品性能。

深圳市华信天线技术有限公司（简称华信天线）是一家专注于卫星定位天线、移动卫星接收系统和无线数据传输产品的研发与生产的国家高新技术企业，于 2008 年年底正式成立，公司总部位于深圳，负责人是王春华。

王春华，1999 年毕业于清华大学电磁场及微波专业，并保送本校研究生，2002 年获清华大学硕士学位，技术创新能力非常强。2008 年，王春华独立创业，成立了深圳市华信天线技术有限公司，现任华信天线公司董事、首席技术官，并主管研发工作。

华信天线是一家典型的研发驱动的高科技公司，每年都投入超过 10% 的销售收入用于产品研发，而且拥有一支业界顶尖的研发团队，其中多名成员曾为国家 863 项目、国家自然科学基金项目的核心人员。华信天线拥有近百余项专利，涵盖卫星定位天线、移动卫星接收系统和无线数据传输产品三大类数百款产品，专利拥有量位居国内同行第一。其产品覆盖了全国各个省市的卫星应用项目建设，市场占有率超过 70%，连续多年占据中国卫星信号接收天线的领头地位。华信天线的高精度天线产品更是在参加国家重大专项北斗兼容高精度天线产业化项目竞标中，连续三年排名第一。此外，华信天线凭借多年来在移动卫星接收系统潜心研发的动中通产品，远销北美洲、欧洲等多个海外国家与地区，是中国业内为数不多的在国际上具有话语权的民营企业。

这样一家具有极高技术竞争力的企业，自然引发了风投资本的青睐和热捧，然而华信天线最终选择了北斗星通。在某次行业年会上，某风投人士在跟华信天线总经理王海波交流的时候遗憾地说道："我们曾经多次接触王总，但都被拒绝了。王总给出的理由是，我不缺钱。"

的确，这样一家朝气蓬勃的企业在盈利上和发展上都不存在问题，那么为什么最终还是接受了北斗星通的橄榄枝呢？

最重要的原因，在于北斗星通作为业内的龙头企业，是实实在在做事情的，它的垂直整合也是基于产业链布局的，而一般的风投资本都是以盈利为最终目的，它们希望的是快进快出，这对华信天线的发展其实意义不大。

王海波在谈到这个问题时说，"从我本人切入到导航产业的第一天，北斗星通就一直是我们学习的榜样。我不是因为双方合作了才这样讲，而是多年前就在持续地思考。我认为，竞争性并购的价值不大，而互补性并购的价值很大，能起到 1 + 1 > 2 的效果，北斗星通对华信天线的并购就是这种效果。"

"天线双雄"中的另一家公司——嘉兴佳利电子有限公司（简称佳利电子），是一家专业从事微波通信元器件的研发、生产和销售的国家级高新技术企业，主要产品为微波介质陶瓷元器件和卫星导航组件，公司总部位于浙江嘉兴。

佳利电子的核心竞争力也在技术，是国内最大的微波介质陶瓷产品企业，也是唯一一家具备高低温微波陶瓷材料自主知识产权并实现产业化的企业，在微波介质陶瓷的材料配方、生产工艺、测试技术等方面取得国内领先优势，产品广泛应用于微波通信领域，主要实现微波信号接收、处理与发送等功能。

尤源，佳利电子公司现任董事长，民建党员，浙江工业大学工业电气自动化专业学士学位，高级工程师。1983 年至 1993 年任嘉兴电气控制设备厂高低压电气设备检测站负责人；1994 年创立嘉兴正原机电成套设备公司，任总经理；2000 年 2 月至今任浙江正原电气股份有限公司董事长。尤源先生为全国工商联优秀民营企业家、嘉兴市人大代表、浙江省劳动模范、嘉兴市优秀私营企业家、嘉兴市十佳创业者，现为"中国第二代卫星导航系统重大专项应用推广与产业化专家组"专家。

　　佳利电子是一个典型的家族企业，原本打算自己单独上市，是一个"准上市企业"，由此也可以看出佳利电子的实力。然而由于种种原因，上市之路并不成功，于是产生了借船出海的想法。业内有能力并购佳利电子的企业并不很多，在经过一系列的考察和交流之后，尤源董事长最终被周儒欣和北斗星通的"北斗梦"和务实的精神所吸引，最终选择加盟北斗星通。

　　经过对"天线双雄"的并购，北斗星通将切入卫星导航天线等基础产品的研发与制造领域，解决在导航天线等领域的相对不足，提升公司导航基础产品的研发与制造能力，强化公司的核心竞争力。并且通过此次并购，北斗星通将具备高精度卫星定位天线、卫星射频通信、无线数据传输等方面拥有大量高端核心技术的华信天线，与具有大众导航天线、特种微波介质陶瓷、微波通信元器件等产品处于国内领先地位的佳利电子，一同纳入到北斗星通的业务领域，实现北斗星通在国内卫星导航产业链上游的进一步拓展，形成芯片、模块与天线基础产品的联合，与汽车电子业务板块形成业务协同。

　　华信天线和佳利电子的加盟，让北斗星通如虎添翼，进一步具备了在全产业链上深耕和布局的基础。

成立北斗资本，产融结合

　　自"德隆系"轰然倒塌以来，"产融结合"也背上了恶名。

　　德隆本是一个地处西北边陲的小公司，依托产业与资本整合运作的理念和操作手法，深入介入多个行业，逐渐发展成为中国资本市场的巨头，但却在2000年之后对市场环境估算错误，最终因资本杠杆率过高而导致现金流断裂，主要创始人也锒铛入狱。

　　至今有人听到资本运作，还是会产生一些负面的印象。

　　然而，如果我们溯本清源，就会发现产融结合其实是一种很纯粹的技术手段，是通过产业整合、金融杠杆、市值管理等一系列操作提升价值的手法之一。然而在中国，由于许多民营企业对其边界把握不到位而崩盘的缘故，这个词被赋予了太多道德色彩，也承受了太多道德攻击。

近些年来，经过商界和学界的不断探讨，这个词正在渐渐被"去道德化"，恢复了本来面目，回到了本来应该属于的位置。而一心怀着"产业报国"梦的周儒欣和北斗星通，也在资本实战中渐渐发现了产融结合的重要性。

周儒欣认为，按照国外 GPS 的行业发展规律推测，在接下来的六七年内将是北斗产业并购、联合的高峰期，产业整合是发展的必由之路，并最终形成 3~5 家类似天宝、海克斯康的巨头级企业，而且规模和盈利能力都会渐渐向这些国外巨头靠拢，剩下的企业要么逐步地沦为巨头的管道，要么慢性死亡。然而，他也坦承，能在退潮之后残存的企业不一定是上市公司，包括北斗星通，也有可能出现一两条能够掀起大风浪的"鲶鱼"。因此，北斗星通必须尽快把握住自身还具备优势的时机，尽快成为产业的整合者而不是被整合者。

于是，北斗星通开始从产业链层面布局资本平台。

2014 年 8 月 15 日，北斗星通发布公告，宣布同中关村创业投资发展有限公司（简称"中关村创投"）和北京北斗融创股权投资管理中心（简称"北斗融创"）合作发起成立中关村北斗股权投资基金（简称北斗资本）。北京中关村创业投资发展有限公司是中关村管委会及中关村发展集团下属的创业投资业务平台。目前，中关村创投主要通过直接投资和母基金投资的方式开展创业投资，重点聚焦优质科技创业企业和优质投资机构资源，着力推进技术与资本的有效对接，支持中关村示范区企业做强做大。在母基金投资业务方面，中关村创投已同启迪创投、光大控股、联想投资等多家优秀创投机构形成了合作关系，参与设立的创投基金已达 33 家，基金总规模已超过 178 亿元，这些创投基金的重点投资方向已涵盖节能环保、移动互联网、下一代互联网、生物医药、轨道交通、新材料、现代服务业等多个中关村战略性新兴产业领域。

北京北斗融创股权投资管理中心（有限合伙）注册地在中关村国家创新自主示范区，是专注于北斗产业、按市场化机制运作设立的股权投资及投资管理机构。北斗融创围绕导航和位置服务产业及产业创新延伸，提供专业化、国际化产业投资及管理服务，打造北斗产业投资的品牌及影响力，致力于推动中国导航产业化。

北斗资本的投资方向主要为导航应用及地理位置信息服务产业链及产业链与互联网融合创新领域，基金规模为2亿人民币，并委托北斗融创负责基金的运营和管理，总经理为"金融老兵"张工。张工自2006年北斗星通股份制改造时起便担任独立董事，对北斗星通以及导航产业都有非常深入的了解，再加上多年在金融机构工作的经验，是北斗资本掌舵人的不二人选。

北斗资本是一个独立运作的投资平台，这意味着它自己也要承受盈利的压力。然而，由于存在这种特殊的关系，北斗星通和北斗资本可以相互支撑。对北斗资本来说，北斗星通强大的技术团队可以为北斗资本提供可靠的技术平台，能够对目标项目做出非常客观和冷静的分析；同时，北斗星通也是北斗资本的退出通道之一，而且毫无疑问会是最重要的退出通道。而对于北斗星通来说，也可以率先从北斗资本中挑选适合自己的项目或企业，从而在产业链的布局中立于非常有利的位置。

与传统的风投基金不同，北斗资本一开始的定位就非常明确和单一：必须服务于导航相关领域和北斗产业，而且投资方式一定是长线持有，而不是快进快出。这个定位也决定了北斗资本虽然需要盈利，但是并不以盈利为唯一目的。

> 　　北斗资本的这一定位，根源还是要回归到周儒欣的"北斗梦"。正如王石在可以赚快钱的时候砍掉其他业务，专注于房地产领域一样，周儒欣并没有在房地产业飙涨的时候去盖房子，也没有在股市疯长的时候去炒股票，而是扎扎实实地沉淀在导航定位领域和北斗产业。

　　北斗星通的产融结合之路，与德隆式的扩张有很大的区别。德隆当年以三家上市公司为基础进行的产业整合，思路是非常先进的，但还是以财务投资为主要目的，周儒欣和北斗资本则是志在以资本手段实现北斗产业的整合。

第十二章

文化也是生产力

现代桃源，让我们的生活更美好

在一片绿树环抱中，深灰色的北斗星通大厦格外显眼。这座只有 5 层高的回形建筑，位于北京市海淀区中关村永丰高新产业基地核心区域，紧邻北京航天城，旁边有用友、安泰科技等知名企业，承载着中国北斗卫星导航系统产业化发展的新希望。

通衢大道边，远山隐现，视野开阔，基地内绿草茵茵，有常青的苗木、竞放的鲜花，整体氛围使人心神舒朗。回型建筑中央，喷泉洒落晶莹的水花，游鱼在池水中悠游嬉戏，衣履整洁、意态优容的员工们三三两两，在基地内散步，在长椅上畅谈。

这是一派和谐温馨的幸福景象，一片安居乐业的现代桃源。

从 2010 年到 2013 年，经过将近三年的精心筹备与建设，北斗星通大厦顺利落成。占地面积 26.7 亩，主体建筑达到了 4 万平方米，地上 5 层，地下 2

层。内部建有食堂、停车场、乒乓球馆、台球馆、咖啡厅、便利商店以及多个大会议室和多功能厅。大厦并被北京市政府授予北京市软件与信息服务业"导航产业示范基地"。

坐落在永丰产业基地内的北斗星通大厦

入住当日的仪式上，周儒欣发表了安居、乐业的演讲。

"2013年9月12日，北斗星通集团公司正式入驻我们的新家——'总部基地'北斗星通大厦。感谢所有为'总部基地'落成而付出辛勤汗水的北斗星通人！希望我们全体员工在雄伟大气、和谐温暖的新家中团结协作，继续发扬'诚实人'的精神，艰苦奋斗、求真务实、锐意创新、追求卓越，在北斗星通这个广阔平台上'乐业发展'，出精品，做专家！此次乔迁，意味着公司进入一个发展的'大时代'，面临发展的'大机遇'，我们也必须做出'大努力'。

第一是公司三大基地顺利落成并投入运行。2011年7月北京顺义马坡

'惯性导航产业基地'投入使用，2012年7月江苏宿迁'汽车电子与导航产业基地'投入使用，2013年9月北京海淀永丰'总部基地'投入使用，这些为公司大发展提供了坚实的基础设施。第二是公司经过多年的沉淀和积累，形成了五大业务板块，即'卫星导航''汽车电子与导航''运营服务''惯性导航''红外导航'；第三是形成了'3＋6＋2'的业务组织单元；第四是在集团总部成立了'两院'即北斗星通研究院和北斗星通管理学院，'三中心'即战略发展中心、财务中心和行政中心，'一资本'即北斗资本；第五是形成一套完整的适合公司内务部条件要求的管理体系，积累了一整套符合公司特点、能支撑公司长期发展的特色企业文化。这些既为公司进入'大时代'做好了必要的准备，也是公司进入'大时代'的重要标志。

同时，公司面临着发展'大机遇'。随着国家和地方政府对北斗导航的关注持续升温，政策支持逐步落地，北斗大规模应用已经拉开序幕。从主要业务单元看，汽车电子与导航业务规模未来几年将迅速增长；芯片业务已经从投入期转为产出期，今年亏损额度将大幅缩减，明年有望实现盈利；军工业务也会有好的发展。从行业的角度看，公司已经有超前3年的经验积累（包括收购兼并的经验、管理的经验、条件建设和品牌形象的积累等），已经平稳度过了'转型期'。从投资角度看，IPO'堰塞湖'以及投资模式的变化都为公司提供了难得的机遇。

抓住'大机遇'，走好'大时代'，需要我们北斗星通人付出'大努力'。一是要坚定执行既定的大政方针，比如找朋友的战略合作工程；二是坚定地实施收购兼并；三是坚定、持续地打造以创新、利益分配、人才辈出为目标的制度平台。

最近我们提出'乐业发展'，根本目的是让北斗星通人过上更加美好的生活。这是我们的使命决定的，也是适应大时代发展的强烈需要。在公司'走出低谷，走进春天，进入一个新的持续、健康快速发展阶段'的关键时刻，员工认同北斗星通这个平台，愿意在北斗星通建功立业，与北斗星通共成败、共荣辱、共成长。

每一个北斗星通人，都要以客户为中心，以艰苦奋斗、努力工作为根本，不断磨炼自身，出精品、做专家。在北斗星通各得所需，无论从物质上还是精神上都能得到很好回报，实现人生梦想！

先'安居'，而后'乐业'。相信在北斗星通大家庭各位的共同努力下，公司到2020年一定能够成为'受人尊重、员工自豪、国家信赖、国际一流的百亿级导航产业集团'，我们的生活将更美好！"

进入北斗星通大厦，走入宽敞明亮的大厅，正对着大门的是北斗星通公司巨大的蓝色标识，北斗七星的LOGO清晰、大气。在大厅的左侧，巨大的显示屏正播放着北斗产业宣传片，右侧为一面墙的铜质浮雕壁画，取名《光荣与梦想》，画面采取浪漫与现实相结合的创作手法，形象地反映了公司的业务范围、业务模式和企业文化，宽7米，高3米，通过手工锻造而成，气势恢宏。在浮雕的左侧，有一块展板，展板对壁画进行了详细描述。

大堂浮雕壁画分为上下两部分，上天下地，天地交融。一颗卫星扑面而来，位居画面最显眼位置，北斗星通LOGO镶嵌在中央，卫星的太阳能帆板经过了艺术处理，在牡丹花瓣和红绸布的簇拥下，整个LOGO画面像一朵盛开的牡丹花，寓意公司繁荣兴旺、员工幸福安康；同时又是一朵绽放的"光荣花"，寄托着北斗星通人的社会责任与精神追求，同时寄希望员工以在公司这个平台上发展而感到光荣与自豪！

LOGO画面的下方反映的是公司的业务在空间上的布局。右侧四块内容分别反映了我们的产品与服务在"海、地、空、天"等国防与经济建设专业领域的应用；左侧画面一家人幸福生活的场景则反映了北斗星通致力于导航科技应用于大众生活，使我们的生活更美好的愿景。

浮雕壁画左上方祥云环绕，青年男女二人驾七彩祥云飞向 LOGO 的画面，展现的是北斗星通人的追梦情结，切合公司提出的重要理念"共同的北斗，共同的梦想"，代表了北斗星通人追求北斗梦、中国梦的理想抱负。

画面下方是地平线，大地的中心位置是公司核心价值观"诚信、务实、坚韧"的形象表现。一方大"鼎"预示着一言九鼎，反映北斗星通人怀"诚信"之品格，秉"说到做到、一诺千金"之作风；几只脚印预示着脚踏实地，印证着北斗星通承"务实"之姿，一路走来的坚实的每一步；长城青松则预示着坚韧不拔，体现北斗星通人持"坚韧"之态，持续前行在追梦的道路上！左边展现了古代导航科技与表现形式，指南车、司南、北斗星及青龙、白虎、朱雀、玄武等形象；右侧则展现了北斗星通的业务模式，即"产品＋系统应用＋运营服务"，有导航芯片、板卡、终端等产品以及车、船等系统应用解决方案及运营服务。这反映了公司是一家中国专业的导航定位产品与服务的供应商。浮雕壁画下方画面的背景是地球图案，独具匠心，预示着公司放眼世界，立志成为国际一流的导航产业集团。

浮雕壁画的内涵就是寄希望北斗星通人继承祖国丰富的导航定位文化，践行"诚信、务实、坚韧"的核心价值观，通过"产品＋系统应用＋运营服务"的业务模式，实现"受人尊重、员工自豪、国家信赖、国际一流的百亿级导航产业集团"的愿景目标，并进一步促进北斗卫星导航系统在国防安全、经济建设、社会发展等关键领域的深入应用，实现中国人的"北斗梦"！

在北斗星通内刊上，有位员工发表了一篇关于入住北斗星通大厦的文章，我感触很深，北斗星通有 50% 的员工都是五年以上的老员工，都是随着北斗星通公司一起成长，有许多员工在这里找到爱情并生儿育女。

倚立在新"家"的窗前，眺望远处跌宕起伏的山峦；近看眼前婀娜多姿的垂柳，俯视楼下花草相间的庭院；《老子》书中寓意的"安居乐业"意境油然而生，"家"的变迁在脑海里飘然浮现。

2000 年的秋天，"家"伴着"北斗"的闪耀在祖国的心脏诞生；2005 年的秋天，我怀着对导航产业的无比热爱成为"家"里的一员；2007 年的秋天，"家"在深交所成功上市，实现了做卫星导航定位产业化领先者的梦想；2010 年的秋天，我们聚集在"共同的北斗、共同的梦想"旗帜下，开始谱写进入国际卫星导航产业领先者行列的壮丽诗篇。

2013 年的秋天，我们入驻新"家"，深感脚踏自"家"大地将会迎来更加美好的明天。

回眸居所变迁，曾经的楼层一角，蜗居创业的情景还在眼前出现；拥有一层楼的喜悦，使"北斗星通人"有了自己施展才华的空间；入驻环境优雅的新"家"，目睹院栏中的楼宇、楼宇中的庭院、庭院中的花草、花草中的银杏……还有敞亮的房间、宽余的车库、可口的美食、周到的服务，让我们心潮澎湃、激动万千。纵观规模变化，家庭成员从几十人到几百人，继而增加到过千人。

不管走到哪里，我们都怀揣北斗梦想，创造美好的明天。

做"诚实人"

北斗星通人是一群"诚实人"。

在公平正义的游戏规则下，人们积累物质财富的过程，一定是积累精神财富的过程。这一片美轮美奂的现代桃源，正是一群"诚实人"用十余年的心血和汗水，亲手建设起来的精神家园。

"您必须保持诚实人的立场。这时常是冒险的，这需要有勇气。"（奥斯特洛夫斯基）

如果说人格是文化的最终积淀，物质成就则是文化的直接体现。迄今为止，无论是在国外还是国内，无论是在学界还是商界，人们并未就"企业文化"的定义达成共识。这种情况并不难理解，因为"文化"本身就是一个极难明确定义的概念。笼统地说，真善美为文，潜移默化为化，在任何一个组织里，构建合适的文化对组织的健康发展都至关重要。

学界归纳，企业文化可以被认为是一个组织由其价值观、信念、仪式、符号、处事方式等组成的特有的文化形象。罗伯特·沃特曼和汤姆·彼得斯在其经典著作《追求卓越》中提出，卓越的公司存在七个企业文化要素，即系统、结构、策略、技能、员工、作风、共同价值观，被企业文化研究学界称为 7S 模型，这个模型可以说是关于企业文化最权威的解释之一。

在这个模型中，"共同价值观"被置于企业文化的核心地位。就这一点来说，北斗星通是一个价值观非常明晰的企业。如果你询问任何一个北斗星通的员工，北斗星通的核心价值观是什么。答案一定是三个字：诚实人。"诚实人"这三个字于 2010 年被北斗星通统一印制在了员工的工牌上。

在中国，企业对自身文化的总结纷繁复杂，最常见的便是类似团结奋进、开拓进取之类的口号，将"诚实"列为其中之一的也不罕见，但将"诚实"放到核心位置的实在罕见。"诚实"如何解决企业竞争力的问题？相对于华为等企业著名的狼性文化，这个企业的文化是不是太"软"了？"诚实人"其实不仅仅是"诚实"，而是"诚信""务实""坚韧"各取一个字的结果，"人"为"韧"的谐音。

这六个字的价值观，是北斗星通在公司在成立十周年的时候，结合公司的发展历史总结、提炼出来的。自然，周儒欣个人的品性在这其中也起到了极为关键的作用。

在学界，人们基本认可企业创始人对企业的文化基因和精神气质的塑造起着至关重要的作用，直白的说法是，企业文化就是"老板文化"。

　　"老板"的风格的确极为关键。北斗星通的高层在评价周儒欣的时候，几乎都认为他是一个"比较传统的人"。这里的传统，是指周儒欣仍然秉持了儒家"温良恭俭让"的做人、做事原则，"诚信"显然是儒家文化的核心价值之一。周儒欣的诚信不是"说"出来的，而是"行"出来的。2007 年，在农业部南海局的项目中，设备出了问题，周儒欣毫不犹豫地表示全部更换、负责到底，即使这意味着公司的现金流会承受很大的压力。有许多企业相信，关于政府的项目只要搞定了关键领导，产品和服务质量高一点低一点无所谓。然而在北斗星通，即使获得了领导认可，项目质量还是要经受"诚信"原则的把关，对弄虚作假者采取"零容忍"。

　　曾经有位北斗星通的司机，在为公司的车换轮胎的时候换了翻新的旧胎，仍然按照新胎的价格向公司报销，后来被发现了，结果这位司机当即被开除。可见，诚信的原则已经内化到了公司的各个层级。连业内的竞争对手也不得不承认，从北斗星通走出去的员工，能力可能不是最强的，但人品是绝对值得信赖的。

　　诚信原则让北斗星通在业内和客户那里获得了非常好的口碑，甚至在竞争对手那里也获得了尊重，因为北斗星通人从来不做"背后捅刀子"的事情。熟悉业内竞争环境的人都知道，"打标"有时候非常"龌龊"，尤其是在政府项目中，竞争对手之间背后"下绊子、捅刀子"的事情是常见的。然而，北斗星通奉行公平竞争，绝不允许做小动作、下黑手。而对北斗星通时常被诋毁、被攻击的现状，周儒欣依然认为，自己受到攻击不能成为"反击"的理由，不能将自己拉到对手一样的层次上去，以降低人格或者丧失人格为代价的事情，北斗星通决不去做。

　　如果说"诚信"是北斗星通的底线，代表了其保守的一面，那么"务实"和"坚韧"则代表了其相对具有开拓性的一面。

　　"做北斗太难了！"在每年的行业年会上，几乎都能听到业内发出这样的感慨。与成熟的 GPS 业务相比，北斗显然还是非常弱小的。在这种情况下，北斗星通用了 10 年时间才把北斗业务从零开始做到盈利。因此，从某种程度上说，"务实"和"坚韧"也是被这种恶劣的市场环境逼出来的。因为市场太过艰难，所以根本没有时间去搞虚的、假的那一套，只能本着务实的精神一个项目一个项目地去谈、去磨，生存成为第一动力。同样，因为市场太过艰难，拿项目不易，做项目不易，维护项目更是不易，没有"坚韧"的精神，北斗星通绝对无法走到今天。

郭飚是海洋渔业板块的有功之臣，谈起当年跟着周儒欣跑项目的经历，他最佩服周儒欣那股韧劲儿。

为了获得渔民的认可，当时好歹也是中型企业老板的周儒欣冲在第一线，跑到渔民的渔船上跟他们解释北斗应用的用法、好处。"周老板"都亲自上渔船，员工自然也是备受鼓舞。后来在浙江省渔业项目里，北斗星通同样遭遇了渔民的不理解，渔民联合起来找各种理由拒绝安装设备乃至对设备吹毛求疵，甚至将北斗星通的员工赶下渔船。在这样恶劣的工作环境下，如果没有一点坚韧的精神，是很难坚持下去的。其中有一位叫樊大明的员工，顶着渔民的质疑乃至不尊重，一条船一条船地做工作，最终将 9000 条渔船全部"抹平"。

曾任北斗星通总裁的赵耀升有一句话在北斗星通流传甚广，叫"办法总比问题多"。这句话可以说是对"坚韧"的另一种表述。正是本着这种精神，北斗星通才在一场场劣势竞争中一点点转败为胜。

在"诚信、务实、坚韧"的基础上，周儒欣提出了北斗星通的企业作风："说到做到、一诺千金、快速行动、细化落实"。企业作风不是几个高层拍脑门拍出来的，而是在实践中一步步总结出来的，是已经被实践证明行之有效的策略。这个策略，依然要归因于艰苦的市场环境——机会稍纵即逝，容不下任何推诿、拖延和谎言。

什么样的企业文化是有生命力的？只有在实践中经过思考、总结和验证的企业文化才是有竞争力的，这样的企业文化也一定是与企业本身的基因及周边环境相适应的。一味照搬照抄，或拍脑门想几个好听的词就形成的企业文化注定是不能持久的，只能当作办公室内的装饰，而不能内化到员工的行动中。

军人品格成就企业作风

周儒欣从军营走来，官至"中校团副"，透着当代军人的干练、睿智。渐渐地，在他身边聚集着越来越多的老兵。每年"八一"，老兵聚会。有位老兵按军队习惯给队伍起了个名字叫"老兵方阵"。现如今，"老兵方阵"有40多人，将军、大校十多位。这也让北斗星通的企业文化中不可避免地带有军队文化色彩。

"商场如战场"，行军打仗的许多原则，其实与商界中的竞争法则是相通的，这也是为什么我国的许多大企业家都是军人出身，比如万科的缔造者王石以及前段时间成为中国首富的王健林等。

北斗星通强调的"诚信"，与军队强调的坐言起行、言行一致以及"言必信、行必果"一脉相承。军人是一批受到持续的英雄主义教育的人，素以坦荡、磊落称于世。而在商业社会里，"信任"可以说是最宝贵的资源，只有诚信、正直的人才能一直获得别人的信任，继而才能获得与他人合作的机会。

"务实"和"坚韧"，也是军队"钢铁"文化的一部分。在行军打仗之际，困难层出不穷，胜败往往就在于谁能更多地坚持一天乃至一个小时、一分钟。如果没有锲而不舍、百折不挠的精神，是很难见到胜利的曙光的。英特尔传奇总裁安迪·格鲁夫（Andy Grove）有一本著名的管理学著作——《只有偏执狂才能生存》（Only the Paranoid Survive），可以说是对这种精神的极端描述。周儒欣能以60万元的注册资本去规划5000万元的生意，从某种意义上讲也是一个"偏执狂"。

> 周儒欣提倡的北斗星通企业作风"说到做到、一诺千金、快速行动、细化落实"与军队的作风何其相像！军人从军营学到的第一堂课，便是"军人以服从命令为天职""没有服从就没有胜利"。对军人来说，"没有拿不下来的山头，没有不敢啃的硬骨头"，只看重结果，不许找借口。这种精神，商界谓之"执行力"。

不仅如此，每年年会上，北斗星通都有一个签"军令状"的环节。

"军令状"简单来说就是责任书，每个团队的领导都要签署，要白纸黑字立下自己团队来年的目标和任务，以及来年需要确立的大事件或经营管理思路，并当众宣布，不给自己留后路。

北斗星通人都清楚地记得，连续几年，导航产品事业部总经理刘孝丰的宣誓词都是"没问题"。2012 年，他说 2013 没问题，果然 2013 年就圆满完成了任务；2013 年年会，他同样宣誓"没问题，肯定没问题，绝对没问题"，结果 2014 年又是一个丰收年。

其他部门的誓词同样精彩，和芯星通"用芯领跑"、北斗装备事业部"全面提升管理能力"、航天视通"光电业务持续发展"、北斗信服"保持渔业船舶监控领域垄断地位"、星箭长空"同心同赢，同创辉煌"、汽车电子与导航板块"相信自己，赢有精彩"……

这些誓词让人感受到的不是简单的豪言壮语，而是一次又一次昂首挺胸、再创新高的必胜信念。

经商和行军打仗一样，都是"冒险"和"谨慎"的结合体。在战场上，一方面，形势千变万化，战机转瞬即逝，这就需要军队具备"即时决策"的能力，以霹雳手段果断下定决心，而且在做出决策之后毫无保留地执行，容不得任何优柔寡断；另一方面，战争又是非常残酷的行动，涉及成千上万人的生命乃至家国安全，所谓"兵者，国之大事，死生之地，存亡之道，不可不察也"，因此，在战略和战术准备上必须反复推演、心细如发。心欲小，志欲大，这也是周儒欣团队之所以能担负重担的要诀。

在商业竞争中，"魄力"和"冒险"是必要的，但如果没有充分的准备和总结，往往会导致企业发展失控。因此，优秀的企业家必须像优秀的军事家一样，掌握好"冒险"和"守成"之间的"度"。比如在芯片战略中，虽然周儒欣一直渴望具备自主知识产权的产品，但如果北斗星通在上市之前就开始投入研发，那么极有可能在两三年内就被"拖死"；而如果抱着过舒服日子的态度延后几年，可能就失去了先发优势——我们已经看到，在2015年的中国卫星导航学术年会上，已经有不下十家业内企业也推出了自己的芯片。因此，北斗星通对时机的把握是非常符合军事战略原则的。

北斗星通的军队文化色彩，并非时下流于形式的"军事化管理"。军事化管理，作为一种对效率提高非常明显的管理方式，曾经一度在中国商界非常流行，并被富士康等企业发挥到了极致。然而近几年来，随着富士康"跳楼事件"的出现，这种管理方式中僵硬、冷漠、体制化的缺点也在逐渐被广泛地批判。在北斗星通，虽然其业务作风有其强悍、坚韧的一面，但其总体上完全不同于单向度的"狼性文化"，而是在吸收部分军人品格的同时，保留了成就传统文化中君子品格和现代社会公民品格的一面。马丁·路德·金说过："一个国家的前途，不取决于它的国库之殷实，不取决于它的城堡之坚固，也不取决于它的公共设施之华丽，而在于它的公民品格之高下。"

这种品格，在"诚信""务实""坚韧"的字面下，紧相关联的是"责任""荣誉"和"国家"的信念。虚无主义者或者玩世不恭者，会把这三个词看成空洞的口号，甚至故意予以贬低、嘲笑，可是这些词的确有着非同一般的魔力，好比灵验的咒语，它们能塑造一个群体的基本特性，使这个群体拥有一种坚强的精神气质，甘于冒险犯难而不贪图安逸，直到创造出梦想中的世外桃源。

从这三个词中提炼出的"诚实人"，被制作成工牌别在胸前，时时提示着每一个北斗人，在重压下、在失败时都保持自尊，不屈不挠，在胜利时则保持警觉，知道责任重大，征途漫长；能先律己后律人，对同道中人或者失败者满怀同情的理解，保持纯洁的心灵和崇高的目标；既向往未来，又不忘记发生过的事情；既沉稳持重，又不至于过分刻板严肃；能够真心地笑，也不忘记曾经怎么恸哭，能葆有真正伟大的纯朴、真正智慧的虚心和真正强大的温顺。

人在做事业的同时，事业也在塑造着人。

"家文化"的升华

企业家作为一个组织的领袖，是企业总体价值的化身、组织力量的缩影，更是企业文化的人格化。"有德者必居其位"，是因为他们确信有一股凌驾于他们之上的力量，未必是上帝或宗教，但确实是一种至高无上的感召力或真理。对周儒欣来说，这种力量来自于他根植内心的家国信仰。

正是信仰或者信念才能使人生充满意义，这也是很多人具备领导能力的关键。因为他们并非只为一己打算——为这种小目标牺牲不值得，而是为信念和使命做打算——为这种大目标牺牲才值得。员工虽然嘴上不说出来，但会对这种精神意义做出反应，受到感召，而激发出对积极的人生意义的追求。

北斗星通并不是一家严格意义上的现代框架下的企业，而是延续了中国传统意义上的"家国"或者叫"家企"逻辑。这与柳传志所说的"做没有家族的家族企业是我的梦想"、要把联想打造成"没有家族的家族企业"是一个道理。柳传志对此的解释是，"家族并非骨肉亲情，而是一种凝聚力，不断地吸引年轻人到联想来工作。"

> 周儒欣求学、入伍、下海经商、追"星"逐梦，一路走来，其行为逻辑无不体现着他的家国情怀和信念。创业早期，他招揽人才的手段也往往不是市场意义上的经济待遇，而是看不见、摸不着的理想、事业和产业报国。在公司治理上，他也不大谈科学管理，除了基本的制度框架，他牵动人心的是"打仗亲兄弟"的"家文化"。

对于规模较小的民营企业，"家文化"有着极强的凝聚力，在困难面前则表现出极强的战斗力。企业小时，层级少，人与人之间的关系相对紧密也相对亲密，人们把企业当成家，领导人则是"当家人"，大家齐心协力将企业建成团结和谐的大家庭、利益命运的共同体，能够有效地发挥企业整体实力、发掘企业更大潜力。以情义为主旋律的"家文化"，曾经极大地增强了公司的凝聚力，在企业快速扩张阶段及危急关头都发挥了重大作用。

现任公司副总裁的刘孝丰，2001 年北斗星通初创时加入，2003 年离开自行创业。周儒欣认为刘孝丰是个人才，在他离开后两年未曾与他断过联系，一心想请他回来。于是在某次与他会面的时候，周儒欣趁机提出让刘孝丰"回家"，并表示所有合同等文件都准备好了，他只需签个字就能回来。得知刘孝丰没有北京户口，在生活上遇到了不少困难，周儒欣又以人才引进的方式为他申请了北京户口。

2005 年 8 月，刘孝丰回归北斗星通，担任销售经理，次年任事业部副总经理，一步一步晋升到副总裁。

随着公司规模的不断壮大，尤其是在北斗星通上市之后，"家文化"的传承遭到了不小的挑战。与家族企业面临的困境类似，北斗星通也面临着"制度"与"人情"的冲突。

许多老员工向公司提意见，表示现在北斗星通越来越没有"家"的感觉了。从前，员工晚上可以跟"周老板"一起喝酒、打牌、聊天，十几个人坐在一起非常热闹、温馨。而现在，连跟"周董事长"说上一句话都非常困难。

周儒欣和北斗星通高层不是意识不到这个问题，实际情况是，组织在迅速扩大，大规模的兵团作战不再是梁山聚义，必须依靠制度、方针和策略来协调指挥，"人情"管理是有局限的，一定会造成边界不清的混乱。另外，周儒欣实在是太忙了。用李建辉的话说，"不是'老板'故意疏远你，企业做大了，现在连我都很难见到他，要是领导人还天天跟大家打牌、聊天，公司还干不干活儿了？"

家大业大了，企业发展已经难以以人情维系，要讲理想、讲文化、讲制度、讲管理。周儒欣提出"乐业发展"的理念，尊重和满足员工精神和物质需求，鼓励员工出精品，当"老板"，要胸怀远大理想，实现产业报国，创造幸福生活。

于是，工会牵头，一是建立了集体协商制度。通过集体协商，不断改善员工生产生活条件。比如每天下午 20 分钟工间操时间，就是集体协商得来的。二是建立了职工代表大会制度，维护职工权益。在日常生活中，注重对员工的人文关怀，员工结婚生子或者生病住院，直系亲属遭遇重大疾病或死亡等，公司都有人亲往祝贺或慰问。

另外，员工每年可以获得一次免费旅游的机会，企业定期为员工过集体生日。乒乓球、台球、多功能厅齐全，专门为哺乳期女员工开设了"妈咪屋"，图书阅览室实行自主管理、自助阅览，24 小时不上锁，不同兴趣爱好的员工可以选择参加喜欢的俱乐部。公司劳资关系和谐，十五年未发生劳资纠纷、诉讼。2015 年 4 月，中国香港、中国澳门和老挝工会代表团一百余人来到北斗星通，参观、见习工会活动，北斗星通工会受到广泛称赞。

职工书屋实行自主管理、自助阅览，24 小时不上锁

在工会的努力下，北斗星通的"家文化"从"创业兄弟情"逐渐演变成制度化的员工关怀，被外界称许为"民企的员工，国企的待遇"。从感情的角度讲，创业时不分彼此的情谊值得回忆，但从管理的角度来看，制度化的福利关注更是公司治理日渐走上正轨的表现。

北斗星通的家文化，让人联想到松下幸之助对企业文化与企业经营的深刻理解。松下幸之助的经营思想是建立在对人性的了解和对自然法则的掌握之上。为了使员工能够认识到人性的本质和责任，松下幸之助为松下公司制定了著名的"松下精神法则"，即产业报国、光明正大、亲爱精诚、奋斗向上、礼节谦让、顺应同化、感恩报德。

松下幸之助对人性与经营之间这种关系的认识立足于日本式的集体主义，企业家在公司中充当家长角色，号召全部员工和睦相处，同舟共济。作为雇主，松下幸之助与员工坦诚相待，互相信任，他把创业之初随时将经营状况通报给员工的习惯一直保持下来，坚持"玻璃式经营"，定期对员工公开盈亏、阐明规划，从而有效激励士气，保证上下一心。松下幸之助的这种理解，与北斗星通的家文化和诚实人的倡导有异曲同工之处，把企业建设成志同道合创业者的精神家园。

2013 年 5 月 4 日，北斗星通公司管理学院成立，成为提升企业文化竞争力的极佳平台。学院设立了领导小组，周儒欣董事长亲任院长，培训管理专家李殿波任常务副院长。管理学院培养北斗梦想人才，提升干部的管理能力，以能力提升、文化落地、知识固化、绩效达成、助力变革、品牌传播为使命，以"和合共生、守正出新"为院训。

"和合"语出《国语》《管子》。"和"表示不同事物、不同观点的相互补充，是新事物生成的规律。"和合"互通，是"相异相补，相反相成，协调统一，和谐共进"的意思。"守正出新"，出自《道德经》，"守正"是指恪守正道，胸怀正气，行事正当，追求心正、法正、行正。"出新"是指勇于开拓，善于创造，懂得变通，不断推陈出新。"守正"与"出新"共生互补，辩证统一。"守正"是出新的根基，发挥主导；"出新"是守正的补充，相辅相成。"和合共生"是世界观，"守正出新"是方法论。

管理学院成立以来，举办了三期卓越经理人训练营，轮训 120 名中高层干部，与党委、工会、人力资源部共同促进了北斗星通企业文化的发展。

北斗星通参加中关村核心区企业运动会

"党建"成了品牌

"'优秀共产党员'是我的光荣，也是北斗星通的光荣。"在海淀区纪念中国共产党成立 90 周年大会上，周儒欣作为北京市"优秀共产党员"做了大会发言。

共产党组织从战争年代的支部建在连上到近年的支部建在企业，政治组织和商业组织如何融合和界定彼此边界是一个国际性课题，而对北斗星通来说，好像一切都是顺理成章的。

这与北斗星通这个企业核心创始人经历背景的特点有关系，在部队就是一支队伍，既有军事主官，又有政委，以政工工作的角度可以解决一些军事主官不便于解决的问题，周儒欣把这一套思路很顺手地用在了企业管理上。

北斗星通企业领导班子很重视党建工作，和很多民营企业不一样的是它把党建作为一种显得非常自然的组织手段。周儒欣一直把党组织和党员看作企业的资源，是企业联系党和政府的纽带、桥梁。多年来，他一身二任，既当董事长又兼党组织书记。

北斗星通党委连续三年被北京市委选为党建工作联系点，而且是唯一的非公企业联系点，连续七年被评选为先进基层党组织。总公司现有党员近200人，其中核心岗位党员占了 80% 以上。公司每年评定的优秀员工中党员也占到了 80%。共产党员的模范带头作用，在北斗星通确实有提升企业凝聚力的作用。北斗星通党委发挥政治引领和政治核心作用，推动、促进、支撑企业发展的做法，进入北京市和海淀区党校授课案例，在圈内小有名气。

有专职的党务工作者。赵庆瑞老局长在北斗星通做了 10 年党建工作，为北斗星通的党建工作打下了良好的基础。2010 年因身体原因，需要物色"接班人"。周儒欣提出"接班人"要满足三个条件。一是有党务工作经验，二是了解北斗业务，三是了解军队、政府运作流程。赵局长建议重点在总装备部系统退休干部中物色人选。最后选择的李学宾，已经是接触、面试的第 16 位师职干部。

李学宾，曾在总部机关工作 20 年，北京航天飞行控制中心担任政工领导干部，参加了载人航天工程，曾获嫦娥探月工程突出贡献者荣誉称号，也是一位军队老政工。

退休后加盟北斗星通，先后担任顾问、党委常务副书记、工会主席，他在抓党建工作方面很有一套，而且很注重非公企业党建工作方面的理论研究，在他的推动下，北斗星通党委、董事会和高管层边实践边思考，形成了《党委职责》《党委会议事规则》等文件。强调党建工作是民营企业与政府保持联系的纽带和桥梁；民营企业党建工作要对生产经营有用，紧贴实际，紧贴员工，紧贴生产经营；民营企业党建工作必须把"以人为本，深情厚谊凝聚人心"作为过硬本领；提倡在企业中"发挥党员主体作用，产生辐射带动作用"等。北斗星通对非公企业党建的理论研究，得到北京市、海淀区各级党组织和党校的赞赏。

共产党员来到西柏坡现场上党课

搭建了非公企业党的组织体系。按党章程序，支部升格为党委，先后在各事业部、子公司成立了党支部，各党支部又按照党员岗位分别成立了党小组。完成了集团公司有党委、子公司有党支部、业务部门有党小组或党员的组织体系布局，形成了一个强势的党委常委领导班子。北斗星通的董事长、总裁、负责人力资源的副总裁等都被吸收到了党委领导班子中。这样，党委形成的意见，便于在董事会、总裁办公会得到通过并执行。

北斗星通党建在职能定位上实行"三个参与、一个不参与"，即参与企业文化建设，参与领导工会，参与人才培养、选拔、使用；不参与经营决策。

围绕人才选拔和培养问题，北斗星通党委具备两项"特权"：定期向董事会和经营层提供运用政策的建议，定期提出培养和使用骨干的建议。

产业报国，服务社会

"对一个企业来说，要始终把国家和民族的命运作为一个重要的考量，要站在国家和民族安全的角度做一些事……做企业不光是经济利益最大化，还要担负很多的社会责任，要考虑事业报国，要考虑中国梦。"在不同的场合，不同的主题发言中，周儒欣屡次表达这样的信念，怀揣一颗产业报国的赤子之心，北斗星通探索出了一条利用专业能力为社会提供服务的新型公益途径。

2008年5月12日，我国发生汶川大地震，灾区交通和通讯完全中断，关键时刻，"北斗一号信息服务系统"发挥优势和作用，显示英雄本色。

2008 年，汶川地震救灾现场

地震第二天，北斗小分队急进汶川，他们携带的 1000 多台 "北斗一号" 终端机实现了各点位之间、点位与抗震救灾指挥部之间的直线联络。来自震中第一幅画面，第一个声音，通过北斗传了出来，并通过广播电视传入千家万户。5 月 17 日，"北斗一号" 又从前方发回 "北川余震不断，海子水位不断上升" 的信息，解放军、抗震救灾人员迅速处置，险情被及时排除。"北斗一号信息服务系统" 由北斗星通公司承建，为了保证系统的正常运行，北斗星通公司派出工程师进行全程技术支持。

北斗星通在抗震救灾中的优异表现，得到了中国卫星导航定位应用管理中心和成都军区抗震救灾联合指挥部的高度评价。

北斗星通在抗震救灾及应对重大突发事件中屡建功勋受到褒奖

2012 年 4 月，10 多艘中国渔船在中国黄岩岛潟湖内正常作业时，被一艘菲律宾军舰干扰，菲军舰一度企图抓扣被其堵在潟湖内的中国渔民。好在"中国海监 75 号"和"中国海监 84 号"编队赶赴黄岩岛海域，对我渔船和渔民实施现场保护。13 日，中国渔船在海监船护送下离开黄岩岛海域。在这一事件中，安装在渔船、渔监船上的北斗星通导航定位终端设备起到了作用。

2013 年 4 月，习近平总书记来到海南省琼海市潭门镇考察，登上"琼海09045"渔船，在驾驶室内，总书记手握着船舵与渔民拉家常，渔民拍着北斗星通导航定位终端告诉总书记，政府给每艘船免费安装了北斗设备很安全，不管我们的船到哪里，指挥中心都知道，走得再远也能与家人互相发信息。总书记听了很高兴，说了一声"好！"

2014 年 3 月 8 日，马来西亚 MH370 航班与地面失去联系的消息传回中国，机上 239 名人员（含 154 名中国同胞）生死不明。面对这一突发危机事件，装有北斗星通信息服务系统的中国海警 3411 船，最先到达事发海域，展开搜救。同时，北斗星通公司安排专业技术人员 24 小时值守，保证了中国海警局适时向国务院报告船位信息和搜索实况，海警 3411 船连续搜救 147 小时，航行 1527 海里，搜索海域 7821 平方公里，实现了船位动态实时监控。

2014 年"第五届环海南岛大帆船赛"（简称海帆赛）在三亚开幕，海帆赛全程共 680 海里，为期 10 天，共吸引海内外超过 50 只船队参赛。作为该赛事多年的信息化解决方案提供商，北斗星通旗下从事运营服务业务的全资子公司北斗星通信息服务有限公司为赛事提供了基于"北斗"的终端设备及配套的位置服务系统，确保了比赛的准确性、评判的公正性；同时为赛事研发了基于 PC、Web 以及 Android 等平台的位置服务系统，不仅能够对参赛船舶进行实时远程监控，而且能够传输更加可靠和全面的赛事信息数据，大幅提升观赛的便捷度与参与度，全面保障了赛事的顺利进行。

2014 年，越南国内多地发生针对外国企业的打砸抢烧严重暴力事件，造成在越中国公民人身伤亡和财产损失。5 月 18 日，交通运输部指令海南省海事局执行调派船舶赴越南撤离在越人员任务。北斗星通作为我国北斗产业化领先企业，在接到海南省海事局通知后，本着"国家利益为先、同胞安全至上"的理念，迅速做出响应，紧急提供 23 台北斗船载终端设备并连夜调配技术人员，保障了海南海事局与撤员船舶间全方位不间断跟踪与联系畅通，为保护我国在越人员的安全做出了贡献。

2014 年，"北斗"踏上享誉中外的丝绸之路，为"首届丝绸之路国际卡车集结赛"提供现场指挥、赛事判定、应急救援等服务。

在赛事中，所有参与车辆都配备了北斗行车记录仪、北斗车辆导航仪、北斗车载一体机。通过指挥车搭载的车辆调度指挥与移动监控系统，赛事组织方不仅可以全程掌握参赛车辆的位置、速度、行驶轨迹等动态信息，为赛事判定提供依据，还可以利用北斗短报文及 GSM 两种通信方式，根据车辆行驶态势完成对整个车队的指挥调度，并为参赛车辆安全提供可靠保障。

中国民营企业的生存处境还很艰难。北斗星通秉持求真务实的原则和本色，承担着作为社会公民的一份社会责任。在一些关乎国计民生的事件上，北斗人通过发挥企业的产业特长、发挥企业家的资源配置优长，践行着自己的产业报国梦。

第十三章 | 对标未来——
| 与周儒欣的对话

北斗产业迎来重大发展机遇

郭： 北斗星通发展至今已经十五年了，您作为北斗产业界最早的一批成功企业家，如何看北斗产业未来的发展趋势？北斗星通如何应对这一大势？

周： 回顾过去的十五年，北斗星通的"三个发展阶段"与国家北斗系统"三步走"战略紧密相扣，北斗星通的北斗应用业务层层深化、扩展，队伍不断壮大，才有了北斗星通今天的成就，而这正是因为顺应了时代的大潮。2015 年 3 月，我国成功发射了新一代北斗导航卫星，标志着北斗卫星导航系统由区域运行向全球拓展，中国的导航企业必将被夹裹着走向世界，站在这个时间点上，对未来加以分析判断，把握好大的发展方向，极其重要！

北斗星通自 2000 年 9 月 25 日成立以来，有一个不成文的惯例，每到春节、"十一"长假或碰到重大问题或重大机会，高管们都要开务虚会，研究形势和对策。从 2013 年年底北斗星通走完转型升级阶段，2014 年进入规模化发展阶段以来，国际国内形势发生了巨大的变化，行业发生了巨大的变化，公司自身也发生了很大的变化，情况更加复杂，我们更加重视对形势的分析、对产业新的发展趋势的研究、对公司发展策略的思考。

概括讲，我们认为产业主要有两个趋势要顺应：第一，未来七八年是行业并购整合的高峰期，中国将会形成几个寡头企业为龙头的产业格局；第二，商业模式会发生重大变化，从单一产品或服务的业务模式向产品＋服务的模式转变。应对这种变化，北斗星通主要将采取"北斗＋"的战略。

郭：说北斗产业将迎来并购整合的高峰是基于什么判断呢？

周：现在国内行业内部有并购整合的潜在需求，这种需求还是很强烈的。北斗产业内部存在很严重的"小、散、乱"问题，这是多年积累下来的问题，到了必须自我解决的时候了。这一问题甚至要比十五年前，北斗产业初建之时有过之而无不及。这一问题的出现，第一个原因在于，随着国家对于北斗系统建设及其产业化的重视和宣传力度不断加强，很多创业者和投资机构（含个人）盲目进入这个领域，但是这个产业具有"高科技性、政策性和融合性"，有着很高的门槛、需要一定或相当的积累、需要长时间的坚持！而事实是很多企业干了很多年的"赔钱赚吆喝"，公司依旧没有发展。结果是不赚钱，投资人不满意；没有发展，员工不满意；产品质量不过关，客户不满意；没有多少税收，政府不满意。第二个原因是来自于地方政府的"招商引资"。在 20 世纪初，大多数人都觉得这个行业不赚钱，盯着的人很少。

这两年国家的经济发展速度放缓，加之"北斗重大专项示范工程"等短期政策红利消失，那么多从业企业挤在一起，竞争十分惨烈，投资人也开始"惜钱"，不敢、不愿轻易投资，很多企业资金短缺，经营陷入困境，甚至濒临破产！怎么办？被逼无奈，不得不合作。当然，我们也观察到：其中一些杰出的具有创新商业模式或颠覆性技术的小企业（这种企业凤毛麟角）也一定会成长起来，他们会得到投资人的特别青睐。同时，这个行业的人们经过数年的"历练"，一些企业的企业家们也转变了"宁做鸡头不做凤尾"的传统观念。所以我的看法是：业内的很多企业被收购兼并是一种必然。

除非有创新的或颠覆性的产品或商业模式诞生，这个产业现有的产品模式和商业模式已经使得该产业成为供过于求的"用户市场"。用户的要求会越来越高，这个产业中的企业需要不断投入以提高其技术水平，需要不断提升规模以降低产品成本；接下来用户的要求又进一步提高，逼迫企业再次加大投入提高技术水平，提升规模降低成本！如此往复，必将挤出很多中小企业，逐步形成寡头垄断的格局。

我们分析欧美导航产业所走过的历程大概就是这个样子。北斗系统建设比 GPS 晚二十多年，中国的卫星导航产业比欧美落后十年左右（因为我国加速建设北斗系统并积极推进其产业化，这种差距在逐步缩小）。欧洲的海克斯康集团和美国的天宝集团过去十年各自经过近 100 个收购兼并成为两大巨头，两家公司 2014 年的收入和股票市值分别为（198 亿元人民币，763 亿元人民币）和（149 亿元人民币，412 亿元人民币），而北斗星通为（10 亿元，150 亿元），营收是两大巨头的 1/20。国际行业和公司所走过的道路是很值得我们借鉴的，我们在相当长的时间内还主要是向过来人、向先进者学习，以缩短之间的差距。

从国内竞争惨烈的现实、国外的经验和我们北斗星通自身的实践来看，我都觉得未来几年是产业兼并收购的高峰期。

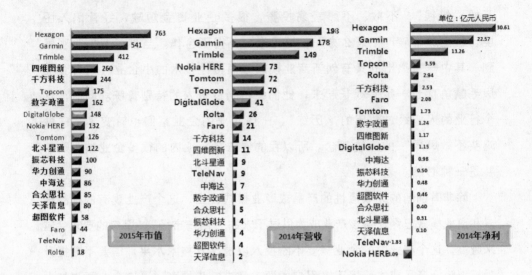

国内外对比 – 市值/营收/净利

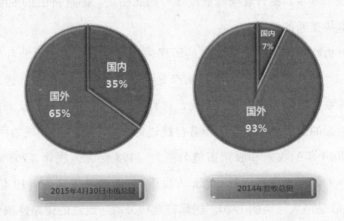

国内外对比 – 市值/营收

郭：您能具体描述一下商业模式会发生重大变化，从单一产品或服务的业务模式向产品＋服务的模式转变的内涵吗？以及这种变化对产业的影响有多大？

周： 从实证角度来分析，一方面，我们观察到无论国际还是国内的单独做产品的公司日子会越来越不好过。产品的价格不断下降，毛利率大幅下降，如高精度导航板卡从几年前的万元降到现在的 3000 元上下，导航模块更是从一年前的 60 元降到现在的 20 多元，近乎没有利润可言。另一方面，我们也观察到，美国天宝公司收购了高精度运营服务公司 OminiSTAR 公司，形成了"云服务＋端"高精度业务的新商业模式，欧洲的海克斯康集团也收购了高精度运营服务 Veripos 公司，同样构建了"云服务＋端"高精度业务的新商业模式。加拿大的 Rx networks 公司甚至早就建立了云服务中心，其云中心包括室外定位所需要的 GNSS 参考站数据、GNSS 卫星数据和电信基站地址数据，还包括室内定位所需的 BEACON 和 WiFi 等地址数据，最近今年已经向手机芯片厂商、电信运营商等用户提供 A – GNSS 云服务。

我们还观察到，由于市场需求的变化，大数据、云计算、移动通讯和互联网等技术的快速发展，这个产业的技术体制、商业模式正在发生着革命性的变化，如不仅仅是天上的卫星，还有许许多多的"地标"（包括室外和室内的）会成为定位的基础设施，其位置及其相关信息被放在"云"端构成动态的大数据，而通过云端的算法得出相应的数据结果，经由互联网或通讯链路将相关结果传到接收端（或 IC 或接收机或作业平台），以增强其定位性能或功能（A – GNSS），或实现定位功能（定位计算不在终端实现）；众多的基础设施和无数的接收设备的定位及相关数据又会定期或不定期地传到"云"，不断丰富、更新、完善、优化大数据"云"和"算法"，构成定位的"云＋端"的生态系统，服务于室内外、高中低精度需求用户等各类位置服务需求，这需要我们重构产品体系，重构商业模式，构建全球化的组织体系。这至少是一种极其重要的发展趋势，与我们所习惯的"产品＋系统＋服务"的模式全然不同。

未来用户的需求应该是：室内外定位一体化，有些用户还要求是全球覆盖或几乎是全球覆盖，室外定位对定位精度要求会越来越高（如能分辨车道、分米级、厘米级甚至毫米级的），室内定位要精确到楼层和一个很小的房间，要具备非常非常低的功耗，价格非常便宜，尺寸非常小。

要满足用户的上述需求，要在产品端和云端做任务分工，云和端协同工作才能满足用户的上述需求。单独的端和单独的云都无法满足这种需求！

因此，在业务层，要构建云服务平台系统，其中包括室内室外的许许多多作为定位的基础设施的"地标""大数据"，以及为完成增强终端定位性能和功能，或干脆直接实现终端定位功能的"云计算"。同时，作为定位的基础设施的"地标"数据和部分终端的位置等相关信息又会回到云端，更新、丰富、完善云服务平台的"大数据"和"云计算"。这样的云服务平台系统可能是分布式的，比如在中国、北美、欧洲和澳洲都要建有协同的工作系统，这个系统可能还要再往下分层。这个系统是以用户需求为导向的，其设计要与"用户端"的接收机或芯片或模块制造组织一起进行，因此要形成统一的标准和协议，要共享很多的 IP。

在组织内部，要建立业务的支撑、支持的服务系统，这个系统要能记录产品和服务从元器件到成品各个环节的质量、性能、提供者、制造者、时间等信息记录，还有记录用户的意见、建议等有价值的信息，以便追溯责任和改进产品。这个系统要与企业的 ERP 系统相连接。

这个"云计算平台＋端"的业务系统和业务支持系统是一个庞大的覆盖全球的系统，它是用户需求驱动＋技术进步推动的定位生态系统，需要大组织来实现，她同时也推动大组织的形成！我们认为这是商业模式和公司组织模式的一个巨大的变化趋势，谁顺应了这样一个趋势，谁就可能获得新一轮产业发展的竞争优势。

郭：北斗星通 2020 年要做到 100 亿元的规模，其可行性如何？

周：首先，我觉得非常有必要来谈谈北斗产业的三大特性：渗透性、融合性、寄生性。卫星导航严格意义上讲很难独立成为一个产业，但是它的"渗透性"决定了"它会无处不在，只受人们想象力的限制"，它会"渗透"到人们的生产和生活的方方面面、各个角落。我在很多场合多次谈到这一观点，在此就不展开谈了。

我们如果很好地把握好产业整合和商业模式变化这两个"大势"，实施好"北斗＋"战略，我们有信心和途径实现2020年目标。

以产业想象力做加法

郭：请谈一下您理解的"北斗＋"这个概念，怎么个加法？

周："北斗＋"战略的提出是基于对产业发展趋势的两个基本判断、产业"三性"的基本认识和公司多年经营实践的经验总结。"北斗＋"包括三个层面或三个方向：一是向上"＋"，加的是技术；二是向下"＋"，加的是行业；三是横向"＋"，加的是规模。

第一是"北斗＋技术"。这里所说的技术，主要是指"大数据""云计算"和"物联网"等技术和资源，主要是出于两方面的考虑，一方面是为了适应用户越来越高的需求，另一方面是要适应商业模式的变化。北斗或GNSS本身不能独立形成产业，用户想要的是准确可靠的"位置"及与位置相关的服务，不管你是用北斗还是用GPS，抑或是其他方式。过去的产业实践和北斗星通自身的实践也表明这个产业是一个不断进行"北斗＋技术"的实践过程。为满足用户不断提高的需求，充分有效利用已有的技术，我们把北斗与GPS、GLONASS、伽利略系统在芯片层面上、在天线层面上已经进行了融合，在我们基于北斗的海天地一体化的信息服务业务方面，把北斗系统与互联网、手机通讯业务、数据处理等进行了融合和整合，我们还把 GNSS 与惯性导航器件进行了融合，这都是在需求牵引和技术推动下完成的工作。北斗产业的"三性"要求北斗产业必须与很多技术和资源进行"融合"。

如前所述，当今产业技术条件发生了巨大的变化，这种变化和用户需求的变化，迫使我们必须加大"北斗＋技术"的推进力度。我们必须清醒地认识到产业技术的发展趋势。比如我这次去北美考察，他们把卫星导航定位基础设施的数据放在了云端；再说卫星，目前全球四大卫星系统，GPS、GLO-NASS、北斗、伽利略，在未来将有一百多颗卫星，这些卫星所产生的原始数据同样也放在了云端；地面支撑卫星系统的服务系统也将产生大量的数据，定位技术不能只依靠卫星，还要依靠各大通讯运营商以及铁塔公司为通讯运营商提供的信号接收、发射服务……将这些数据通通放入云端，这就是卫星导航系统整体下来所产生的"大数据"。从公司业务的角度出发，掌握了这些数据，加上流量和客户的资源，掌握了这些资源，便能够向用户提供以往所无法提供的产品和服务并形成成本优势，搭建产品的服务平台，也就是将这些放入云端的"大数据"进行"云计算"，从而向各个相关行业提供计算服务。

第二是"北斗＋行业"。北斗产业"三性"中的"渗透性"和"寄生性"，决定了其应用无处不在，只受想象力的限制！可以被极其广泛地应用到很多领域。北斗星通早在 2004 年就把 GNSS ＋到港口行业，融合通讯（Communication）、计算（Computing）、控制（Control）和地理信息系统（GIS）构建了 3C2S 系统，解决了港口集装箱码头雾雪天不能作业、误搬箱以及事故等问题，逐步形成了"GNSS ＋港口"的业务。我们的"北斗＋海洋渔业"业务更是家喻户晓！基于北斗星通的商业实践、理论认识和在行业逐步形成的综合竞争优势，采取"内生＋外长"的发展方式，"北斗＋行业"的战略将会逐步进入地下管网、地下停车场、智慧交通、智慧城市等众多领域。当然，"北斗＋行业"也会得到"北斗＋技术"战略的强力支持，反之"北斗＋行业"的拓展会对"北斗＋技术"提出新的需求，推动公司技术进步和竞争力的提升。

第三是"北斗＋规模"。此处"规模"是指横向的并购使各业务板块上规模。

无论是"北斗＋技术"、"北斗＋行业"，还是"北斗＋规模"，主要的发展方式还是"内生＋外长"！

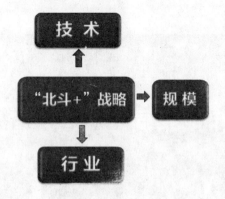

伴随北斗走向世界

郭：在北斗星通2020愿景中提到公司要成为国际一流的导航产业集团，您能具体讲讲怎样实现吗？

周：在导航领域的很多业务是B2B的业务，特别是核心基础产品业务更是如此，随着国际化的推进，这些业务面临的是国际竞争对手，不做到国际一流就很难生存！北斗星通的有些业务已经达到或接近国际一流，比如我们的芯片和模块、板卡、天线业务，而且这些业务的产品已经有比较多的出口。同时我们未达到或接近国际一流的产品也有出口。

随着国际一体化进程的不断加速，科技与交通的发展，市场、资本与人才的融合，以及全球文化的距离不断缩短，我们企业内部提出的"五个打通"，即"地域打通""技术打通""市场打通""资本打通"及"文化打通"，这在未来会是我们内部管理提升的关键。在"北斗＋"战略的实施过程中，我们将通过新设或收购的方式，逐步在北美和欧洲建立国际地区总部，一是要把我们已有的产品更多地销售到世界去，二是加快"北斗＋技术"为主的"北斗＋"战略在国际上的实施步伐，以推动"国际一流"目标的早日实现。

2015 年第六届导航年会，孙家栋院士等与周儒欣发布 UC4CO 芯片

郭： 如此一来，"北斗＋"战略，可以把很多技术融合、协同起来，把很多行业都整合起来，把中国、北美和欧洲甚至全球链接起来，北斗星通未来会布一个很大的局。但是管理学的常识是讲，管理的幅度越大，管理的难度越大，特别是跨的业态比较复杂的时候，您是如何考虑的呢？

周： 随着实践经验的丰富以及对北斗产业认识的深入，我们觉得这个产业越来越有意思，这个产业确实具有非常美好的发展前景，我们也越来越有信心把公司做好！但是，我们也应该看到，这个时代形势变化太快，存在极大的不确定性，就像 2015 年的股市。在未来的经营决策中，如何平衡好"不变"和"变"的关系非常重要。追求"北斗梦"的理想、"诚实人"的核心价值观、不断创新突破的意识、不断学习奋斗的精神这些是不能变的！组织结构、产品研发生产、销售模式等都要不断随市场变化、用户需求的变化而及时变化。

在多年经营实践的基础上，特别是自公司 2014 年进入规模化发展这样一个"大阶段"以来，我们管理层花了很长时间思考，形成了上述的一些认识，一想未来会有那么一个大的局面，我们自己很受鼓舞，有时甚至很激动！但是在这场"没有硝烟的惨烈战场"上如何驾驭这部战车，确实是一个非常现实的问题，不得不思考。第一，还是那句老话，事业和待遇留人、聚人、练人。我们必须选择、培养有事业心、追求"北斗梦"、认同公司价值体系、努力奋斗的人成为我们的核心人员，我们要制定"为自己干"的分配和激励政策，形成自我管理的文化和制度氛围。第二，完善母子公司各司其职、相互配合的二元管理体系，同时加强信息系统等基础设施建设。第三，采取业务板块的业务协同管理方式，让听得见炮声的人去指挥战争！

我们先把目标放在 2020 年。在这个过程中，我们会不断思考总结企业管理方面遇到的问题，不断改进完善，期望到 2020 年更上一层楼。

附录一　北斗星通发展历程

从2000年9月25日到2015年9月25日，北斗星通经历15年的发展，已经成长为一家集研发、生产、销售、运营为一体的导航产业集团，截止到2015年8月，公司净资产28亿元，员工从20多人发展到2500人，旗下有10多家子公司，业务由单一走向了多元，形成了基础产品、国防业务、汽车电子与导航、行业应用与运营服务等业务板块，成为我国导航产业知名的领军企业，我国卫星导航产业的第一家上市公司。

艰苦创业阶段（2000年9月~2007年8月，艰苦奋斗，伴随北斗成长）

2000年　公司成立于北京中关村地区；成为加拿大诺瓦泰公司中国唯一战略合作伙伴。

2001年　为中国卫星导航增强系统提供WAAS参考站设备并参与系统建设。

2002年　公司与北斗主管部门正式签订"北斗一号信息服务系统"研制合同。

2003年　获得国标、国军标质量管理体系认证。

2004年　获得首个北斗运营服务资质；

签订国内首个集装箱码头（天津港）应用项目合同。

2005 年　设立北斗星通信息服务有限公司，专业从事北斗运营服务业务。

2006 年　签订南沙渔船船位监控指挥管理系统项目合同，推进北斗规模化应用。

2007 年　公司在深圳证券交易所挂牌上市，成为卫星导航定位行业首家上市企业。

转型升级阶段（2007 年 8 月～2013 年 12 月，转型升级，推进产业布局）

2008 年　为汶川地震灾区抢险救灾提供技术保障及服务，并获得主管部门嘉奖。

2009 年　北斗运营在网用户过万，成为最大的北斗运营商；

设立和芯星通科技（北京）有限公司，专业从事 GNSS 芯片、板卡的研发、设计、生产；

通过"北京市级企业技术中心"认定。

2010 年　发布国内首款具有完全自主知识产权的多频、多系统、高性能 SoC 芯片——NebulasTM；

设立北京航天视通光电导航技术有限公司，专业从事光电导航业务；

控股深圳市徐港电子有限公司，进入汽车电子应用领域；

非公开发行 A 股股票获得证监会发审委审核通过。

2011 年　投资深圳市华云通达通信技术有限公司，拓展北斗气象应用领域；

控股北京星箭长空测控技术股份有限公司，进入惯性导航应用领域；

发布国内首款北斗车载导航终端；

成立中共北京北斗星通导航技术股份有限公司委员会；

企业技术中心被认定为"北京市北斗卫星导航技术与装备工程技术研究中心"。

2012 年　江苏北斗星通汽车电子产业园开园；

荣膺"2012 中关村十大卓越品牌"；

成立海淀园博士后工作站分站；

入选中关村国家自主创新示范区"十百千工程"；

公司副总裁胡刚入选"科技北京百名领军人才工程"。

2013 年　成立北斗星通管理学院；

成立北斗星通研究院；

发布北斗最小芯片-55nm 超低功耗 GNSS SoC 芯片——蜂鸟 HumbirdTM；

北京北斗星通永丰导航产业基地竣工并投入使用。

规模化发展阶段（2014 年 1 月～2020 年，规模化发展、追求新梦想）

2014 年　配股发行取得圆满成功；

联合发起成立中关村北斗股权投资基金；

设立北京北斗星通信息装备有限公司；

设立南京北斗星通信息服务有限公司。

2015 年　与挪威 Sensonor 公司签署战略合作及中国唯一代理协议；

收购华信天线和佳利电子；

重大资产重组项目获证监会批准。

附录二　北斗星通高管群英谱

时　间	董事长 （董事）	总裁 （总经理）	副总裁（副总经理）及 其他高管
2000—2001		周儒欣	段建新
2002		周儒欣	段建新、李建辉（总经理助理）
2003		周儒欣	段建新、赵耀升、李建辉（总经理助理）
2004	周儒欣	赵耀升	秦加法
2005	周儒欣	赵耀升	秦加法（兼总工程师）
2006	周儒欣	赵耀升	秦加法、李建辉、胡刚、杨忠良（财务总监）、吴梦冰（董秘）
2007	周儒欣	赵耀升	李建辉（常务副总裁）、秦加法、胡刚、杨忠良（兼财务总监）
2008	周儒欣	赵耀升	李建辉（常务副总裁）、秦加法、邹光辉、胡刚、李树辉（财务总监）、黄治民（人力资源总监）、王迅（总裁助理）、李军（总裁助理）

（续）

时　间	董事长 （董事）	总裁 （总经理）	副总裁（副总经理）及 其他高管
2009	周儒欣 赵耀升 （董事） 李建辉 （董事）	李建辉	秦加法（兼总工程师）、邹光辉、胡刚、李树辉（财务总监）、黄治民（人力资源总监）、王迅（总裁助理）、李军（总裁助理）、段昭宇（兼董秘）
2010			秦加法、邹光辉、胡刚、巨涛、黄治民（兼人力资源总监）、王建茹（财务总监）、王迅（总裁助理）、李军（总裁助理）、薛文伟（总裁助理）、段昭宇（兼董秘）
2011			段昭宇（兼董秘）、邹光辉、胡刚、李军、黄治民（兼人力资源总监）、秦加法（兼总工程师）、王建茹（财务总监）、王迅（总裁助理）、薛文伟（总裁助理）
2012	周儒欣 李建辉 （董事） 胡刚 （董事） 段昭宇 （董事）	李建辉	秦加法（监事会主席）、段昭宇、胡刚、邹光辉、黄治民、王建茹（财务总监）、王迅、郭飚
2013			秦加法（监事会主席）、段昭宇、胡刚、邹光辉、黄治民、王建茹（财务总监）、王迅、郭飚、王增印
2014			秦加法（监事会主席）、段昭宇、胡刚、邹光辉、黄治民、王建茹（财务总监）、王迅、王增印、刘孝丰
2015	周儒欣 李建辉 （副董事长） 马晓波 （董事） 胡刚 （董事）	马晓波 （2015.1至 2015.7） 周儒欣 （代理）	王建茹（监事会主席）、段昭宇、姬小燕、黄治民、胡刚、王增印、刘孝丰、王迅、解海中（董事长助理）

（续）

旗下公司	时　间	董事长	总经理
北斗星通信息服务有限公司	2009—2012	赵耀升	郭飚
	2012—2015	郭飚	杨学兵
	2015 至今	郭飚	万峰
（香港）北斗星通导航有限公司	2006—2007	周儒欣（执行董事）	
	2007—2012	周儒欣（执行董事）	李建辉
	2012 至今	周儒欣（执行董事）	王迅
和芯星通科技（北京）有限公司	2009—2012	周儒欣	韩绍伟
	2012.6 至今	周儒欣	胡刚
北京航天视通光电导航技术有限公司	2010—2013	李建辉	侯欣华
	2013 至今	王迅	侯欣华
深圳市徐港电子有限公司	2010 至今	周儒欣	马成贤
北京星箭长空测控技术股份有限公司	2011—2012	苏中	侯会文
	2012—2013	邹光辉	邹光辉
	2013—2014	邹光辉	张晶
	2014—2015	邹光辉	李智慧
	2015 至今	邹光辉	黄昆
南京北斗星通信息服务有限公司	2015 至今	郭飚	徐林浩
北京北斗星通信息装备有限公司	2014—2015	王增印	高培刚
	2015 至今	王增印	杨学兵
深圳市华信天线技术有限公司	2015 至今	李建辉	王海波
嘉兴佳利电子有限公司	2015 至今	段昭宇	尤源

附录三 北斗星通词典

北斗星通核心价值观

诚信、务实、坚韧。

北斗星通企业使命

向用户提供满意的导航定位解决方案，以此奉献社会，回报顾客、回报合作伙伴、回报员工、回报投资人，使我们的生活更美好。

北斗星通 2020 年愿景目标

成为受人尊重、员工自豪、国家信赖、国际一流的百亿级导航产业集团。

北斗星通企业作风

说到做到、一诺千金、快速行动、细化落实。

北斗星通企业伦理

责任、包容、感恩、厚德。

北斗星通经营理念

用户是上帝，合作伙伴是朋友，竞争对手是导师，前进中的敌人是自己。

北斗卫星导航系统工程研制建设大事件

1994 年 1 月，国务院、中央军委批准"北斗一号"工程研制建设。

2000 年 10 月 31 日，"北斗一号"工程第一颗卫星成功发射并入轨。

2000 年 12 月 21 日，"北斗一号"工程第二颗卫星成功发射并入轨，"双星定位系统"成功组网工作；经系统联调测试，2002 年 1 月 1 日"北斗一号"系统开通试运行。

2002 年 6 月 14 日，朱镕基总理签署批准启动中国参加欧洲伽利略计划谈判。

2003 年 1 月 1 日，"北斗一号"系统的正式开通运行，对军民用户提供导航定位、授时和短报文通信服务，我国成为继美国（GPS）和俄罗斯（GLO-NASS）之后世界上第三个拥有卫星导航定位系统的国家。"三步走"发展战略完成第一步。

2003 年 4 月 29 日，江泽民主席签署批准"北斗一号"系统对民用开放。

2004 年 8 月 31 日，江泽民主席签署批准"北斗二号"工程立项研制建设。

2006 年 8 月 31 日，胡锦涛主席签署批准对外公布我国建设卫星导航系统。

2006 年 11 月，"北斗二号"卫星导航系统研制建设列入国家中长期科学和技术发展规划纲要（2006—2020）的重大专项。

2007 年 4 月 14 日，"北斗二号"卫星导航系统第一颗卫星成功发射；"三步走"发展战略启动第二步。

2012 年 10 月 25 日，"北斗二号"卫星导航系统第十六颗卫星成功发射，5GEO + 5IGSO + 4MEO 组网成功，完成区域 RDSS + RNSS 覆盖，形成应用能力。"三步走"发展战略完成第二步。

2015 年 3 月 30 日，新一代北斗卫星导航系统（全球系统）成功发射首颗卫星，标志着"三步走"发展战略启动了第三步。

北斗卫星导航系统"三步走"发展战略

根据我军现代化建设的总体要求，综合考虑我国军民用户需求、国家经济的承受能力、技术水平和建设周期等方面因素，北斗卫星导航系统拟按"先有源，后无源；先区域，后全球"的总体发展战略思路进行建设，分步实施。

第一步：2008 年左右，建成能向全球扩展的区域卫星导航系统（以下简称区域系统），在我国及周边地区、海域实现连续实时三维定位测速能力、高精度授时能力和部分地区的用户位置报告及双向报文通信能力。

第二步：2012 年左右，根据需要与可能，完成 RDSS + RNSS 集成的区域覆盖，形成应用能力（5GEO + 5IGSO + 4MEO）。

第三步：2012 年后，在预先研究完成关键技术攻关的基础上，决策启动国家重大专项工程，将北斗卫星导航系统扩展为全球卫星导航系统（RDSS 区域 + RNSS 全球覆盖）。

"北斗一号"

"北斗一号"卫星导航系统是我国自主研发，利用地球同步卫星为用户提供全天候、区域性的卫星导航系统。该系统于 20 世纪 80 年代中期开始预先研究，1995 年正式启动工程研制。2000 年 10 月和 12 月，两颗工作卫星先后发射成功，地面应用系统设备全部安装到位，系统初步建成。经过两年多的调试和试运行，系统于 2003 年 1 月 1 日正式投入使用。2003 年 5 月第三颗"北斗一号"导航定位卫星（备份星）发射成功，为系统更加可靠的运行提供了保证。

"北斗一号"卫星导航系统在服务区内提供三项主要功能：

1. 定位：快速确定用户所在点的地理位置，向用户及主管部门提供导航信息。在标校站覆盖区定位精度可达到 20 米，无标校站覆盖区定位精度优于 100 米。

2. 通信：用户与用户、用户与中心控制系统之间均可实现最多 120 个汉字的双向简短数字报文通信，并可通过信关站与互联网、移动通信系统互通。

3. 授时：中心控制系统定时播发授时信息，为定时用户提供时延修正值。授时精度可达 100ns（单向授时）和 20ns（双向授时）。

"北斗一号信息服务系统"

"北斗一号信息服务系统"是指挥机关与"北斗一号中心控制系统"进行信息交换的技术平台。该系统可满足各级指挥机关和下属单元大规模联合应用"北斗一号"系统的需要，可全面提高集团指挥控制系统的定位保障能力。该系统可向包括军用和民用用户的多种集团用户提供数据传输服务，在各种重大军事演习、抗震救灾保障及民用信息服务中发挥了重要作用，并推广应用到战备值班和其他保障任务中。

"北斗一号信息服务系统"的研制扩展了"北斗一号"和卫星导航增强系统的服务方式，为民用运营部门通过地面网与"北斗一号中心控制系统"进行信息交换提供了技术平台。其系统技术指标、系统结构、工作原理、技术特点满足了对北斗导航系统民用管理与运营服务的支持。

指挥所设备

指挥所设备是"北斗一号信息服务系统"研制的关键核心设备。它安装在指挥机关，通过地面网络与"北斗一号中心控制系统"相连接，实时传输"北斗一号"系统的定位、授时、通信等服务信息，使高级指挥机关能够快速、准确地获取下属用户位置与通信信息，实施看得见的指挥控制。

"北斗二号"

2006 年，中国政府发表了《中国的航天》白皮书，特别提到了完善"北斗"导航试验卫星系统,启动并实施"北斗"卫星导航系统计划。发展卫星导航、定位与授时的自主应用技术和产品,建立规范的、与卫星导航定位相关的位置服务支撑系统、大众化应用系列终端,扩展应用领域和市场。通过"卫星导航应用产业化"等重大工程项目的实施,利用国内外导航定位卫星,在卫星导航定位技术的开发、应用与服务方面取得长足进步。目前,我国第二代卫星导航系统已完成一期工程建设目标,并列入国家重点建设项目,正由区域系统向全球系统过渡。

在建的北斗卫星导航系统由空间卫星系统、地面运控系统和用户应用系统三大部分组成。由 5 颗静止地球轨道(GEO)卫星和 30 颗非静止轨道卫星组成,提供两种服务方式,即开放服务和授权服务。开放服务是在服务区免费提供定位、测速和授时服务,定位精度为 10m,授时精度为 50ns,测速精度达到 0.2m/s。授权服务是向授权用户提供更安全的定位、测速、授时和通信服务以及系统完好性信息。

地面运控系统由主控站、注入站和监测站等若干个地面站构成;用户端由北斗用户终端和与 GPS、GLONASS、伽利略其他导航系统兼容的终端组成。

用户应用系统包括所有服务于陆、海、空、天等不同用户、不同性能的各种用户设备,主要任务是接收卫星发射的导航信号,实现用户的导航定位、定时、测速和报文通信。

第二代北斗卫星导航系统的基本工作原理是:空间段卫星接收地面运控系统上行注入的导航电文及参数,并且连续向地面用户发播卫星导航信号,用户接收到至少 4 颗卫星信号后,进行伪距测量和定位解算,最后得到定位结果。同时为了保持地面运控系统各站之间时间同步,以及地面站与卫星之间时间同步,通过站间和星地时间比对观测与处理完成地面站间和卫星与地面站间时间同步。分布在国内的监测站负责对其可视范围内的卫星进行监测,采集各类观测数据后将其发送至主控站,由主控站完成卫星轨道精密确定及其他导航参数的确定、广域差分信息和完好性信息处理，形成上行注入的导航电文及参数。

第二代北斗导航系统作为覆盖全球的卫星导航系统，其服务区比北斗导航试验系统扩大了很多，具有连续实时三维定位测速能力，授权服务在增强服务基础上，进一步提供 RDSS 功能和信号功率增强服务。

RDSS

卫星无线电测定业务，英文全称 Radio Determination Satellite Service，缩写 RDSS。用户至卫星的距离测量和位置计算无法由用户自身独立完成，必须由外部系统通过用户的应答来完成。其特点是通过用户应答，在完成定位的同时，完成了向外部系统的用户位置报告，还可实现定位与通信的集成，实现在同一系统中的 NAVCOMM 集成。

RNSS

卫星无线电导航业务，英文全称 Radio Navigation Satellite System，缩写 RNSS，由用户接收卫星无线电导航信号，自主完成至少到 4 颗卫星的距离测量，进行用户位置、速度及航行参数计算。

RNSS 与 RDSS 的集成

1. RNSS 与 RDSS 的集成概念

所谓 RNSS 与 RDSS 集成概念，是在卫星导航系统的导航卫星及运控应用系统中同时集成 RNSS 和 RDSS 两种业务。系统既可为用户提供连续定位、测速能力（即所谓无源导航定位），又可进行无信息传输的高安全级别的位置报告。其导航与通信的集成可以互相嵌入，互为增强。

2. 集成的原理与方法

集成的原理与方法可以简述如下：

（1）在部分导航卫星上同时安排 RNSS 和 RDSS 载荷，地面运控系统具有

RNSS 和 RDSS 信息处理和运行控制能力。

（2）RNSS 和 RDSS 的导航体制和信号格式统一在同一时间系统中。

（3）系统中地球同步轨道（GEO）卫星的 RDSS 出站信号和 RNSS 导航信号均可既用于导航，又用于位置报告和通信服务。

（4）地面运控系统中 RDSS 系统具有用户信号随机接入能力，可以处理短促突发信息，完成用户至中心控制系统的信息交换。

（5）用户入站信息可携带用户位置信息，实现用户位置报告。也可不带用户位置信息，由 RDSS 功能直接从应答信号中处理出用户位置坐标，实现无信息的位置报告。

（6）RDSS 及 RNSS 双模用户机同时具备 RNSS 和 RDSS 功能，在同一用户终端实现连续定位、测速、通信和位置报告。

3. RNSS 与 RDSS 集成功能特点

这种双导航定位系统的集成与 RNSS 加通信系统的组合式集成相比，有如下优点。

（1）在导航系统内完成导航与通信集成，既增强了导航功能，又避免了因通信体制、部门编制不同带来的通信苦恼，互通性好。

（2）位置报告链路与导航链路相结合，其信息传输链路具有与 GPSP（Y）码可比拟的安全性。利用 RDSS 功能实现无位置信息的用户位置报告，保密安全性好。用于军事救援时，降低了被俘虏的风险。

（3）卫星波束覆盖范围内的所有用户都具有随机接入能力，直接通信的范围广，接通能力强，实时性好。

（4）双模用户终端定位手段丰富，可靠性高。

（5）系统及用户终端的效费比高，成本相对低廉。

（6）利用 RDSS 实现双向授时，其精度可优于 10ns，与通常的 GPS 授时相比，可提高 5～10 倍。

可用于更高动态用户的时间同步。研究分析与初步实践证明，RNSS 与 RDSS 集成可成为未来卫星导航的最佳选择，以满足日益增长的导航定位、通信、授时之需要。

惯性导航

惯性导航是利用惯性元件（加速度计）来测量运载体本身的加速度，经过积分和运算得到速度和位置，从而达到对运载体导航定位的目的。组成惯性导航系统的设备都安装在运载体内，工作时不依赖外界信息，也不向外界辐射能量，不易受到干扰，是一种自主式导航系统。惯性导航系统通常由惯性测量装置、计算机、控制显示器等组成。惯性测量装置包括加速度计和陀螺仪，又称惯性测量单元。3 个自由度陀螺仪用来测量运载体的 3 个转动运动；3 个加速度计用来测量运载体的 3 个平移运动的加速度。计算机根据测得的加速度信号计算出运载体的速度和位置数据。控制显示器显示各种导航参数。按照惯性测量单元在运载体上的安装方式，分为平台式惯性导航系统（惯性测量单元安装在惯性平台的台体上）和捷联式惯性导航系统（惯性测量单元直接安装在运载体上）；后者省去平台，仪表工作条件不佳（影响精度），计算工作量大。

室内导航

室内导航是让置身于大型百货商场里的消费者，即使在建筑物内，仍能利用精确的定位功能确定自己的位置并找到想去的地方。可以使用室内导航轻松找到一些大型建筑的指定场所，如卫生间、ATM 和指定商家等。

Wi-Fi 热点可变身定位雷达：在室外露天厂商定位很容易，因为有 GPS 卫星和地上运营商的通信基站，其实在 GPS 卫星无法穿透的购物中心也并不难——因为国内购物中心内几乎都遍布了 Wi-Fi 热点，机场、火车站、图书馆、政府办公楼以及大型购物商城中遍布的 Wi-Fi 热点，完全可以充当起"小雷达"的作用，对用户进行室内定位和导航。并且利用 Wi-Fi 热点进行室内定位和导航，在技术层面已经成熟。

据了解，目前国内各大商城中，不论是运营商、商城自身还是商城内店铺，几乎都布置了数量庞大的 Wi-Fi 热点。导航软件理论上就可以透过用户接入的那个 Wi-Fi 热点，再配合上临近三个或以上的 Wi-Fi 热点，就可以确定用户的位置。据了解，技术上这些 Wi-Fi 能将定位范围缩小到 5 米左右，媲美室外的 GPS 卫星。

GIS 地理信息系统

地理信息系统（Geographic Information System GIS），有时又称为"地学信息系统"，是一种特定的十分重要的空间信息系统。它是在计算机硬、软件系统支持下，对整个或部分地球表层（包括大气层）空间中的有关地理分布数据进行采集、储存、管理、运算、分析、显示和描述的技术系统。

位置与地理信息既是 LBS 的核心，也是 LBS 的基础。一个单纯的经纬度坐标只有置于特定的地理信息中，代表为某个地点、标志、方位后，才会被用户认识和理解。用户在通过相关技术获取到位置信息之后，还需要了解所处的地理环境，查询和分析环境信息，从而为用户活动提供信息支持与服务。

地理信息系统是一门综合性学科，结合地理学、地图学以及遥感和计算机科学，已经广泛地应用在不同的领域，它可以对空间信息进行分析和处理（简而言之，是对地球上存在的现象和发生的事件进行成图和分析），并通过 GIS 技术把地图这种独特的视觉化效果和地理分析功能与一般的数据库操作（例如查询和统计分析等）集成在一起。

LBS

LBS（Location Based Service）基于位置的服务，是指利用一定的技术手段通过电信移动运营商的无线电通信网络（如 GSM 网、CDMA 网）或外部定位方式（如 GPS），获取移动终端用户的位置信息（地理坐标或大地坐标），在地理信息系统（GIS）平台的支持下，为用户提供相应服务的一种增值业务。

它包括两层含义：首先是确定移动设备或用户所在的地理位置；其次是提供与位置相关的各类信息服务。如找到手机用户的当前地理位置，然后在上海市 6340 平方公里范围内寻找手机用户当前位置处 1 公里范围内的宾馆、影院、图书馆、加油站等的名称和地址。所以说 LBS 就是要借助互联网或无线网络，在固定用户或移动用户之间，完成定位和服务两大功能。

卫星导航定位行业产业链

卫星导航定位经过近 20 年的发展，已初步形成一定规模的产业链，并在不同层面上形成了一定的规模。主要包括卫星导航定位基础类产品、卫星导航定位终端产品、信息系统应用、运营服务四大部分。

产业链环节	简要描述	盈利模式
卫星导航定位基础类产品	为卫星导航定位终端产品生产商、系统应用商提供卫星导航定位核心部件——芯片或 OEM 板卡，包括为专业应用市场产品提供的高精度卫星导航定位芯片、OEM 板卡，以及为大众应用市场产品提供的 GPS 芯片	产品销售及核心专利技术服务
卫星导航定位终端产品	为运营服务商、系统应用商、市场用户提供应用终端产品：各类卫星导航定位接收机、天线和面向不同用户群体的信息接收设备（例如：车载设备、船载设备、PND、GNSS 手机等）	终端产品销售及售后服务
信息系统应用	为运营服务商、市场用户提供整体的卫星导航定位解决方案 GPS 应用总是面向不同行业，与各种各样的其他技术结合在一起，成为行业信息系统项目的一个重要组成部分。目前主要应用于机械控制、精准农业、航空、航天、国防以及移动通信和电力授时等领域	系统产品（包括终端产品、软件产品）销售、系统实施服务、技术服务及维护

（续）

产业链环节	简要描述	盈利模式
运营服务	为市场用户提供导航定位服务和基于位置的综合信息服务。 一类是面向个人及其车辆的个人导航、交友、本地信息搜索、家人跟踪应用和车辆安保服务；另一类是面向专业用户的信息服务，一般由专业的公司运营，专业性强，综合度高，要满足行业用户的深度业务管理和优化需求	用户入网注册服务、导航定位服务，以及基于位置的综合信息服务

在上述产业链中，处于上游的是卫星导航定位基础类产品，即芯片和OEM板卡产品，整体卫星导航产业的后续链条都依赖芯片和OEM板卡，它是整体产业链的基础环节，也是产业链条中知识产权的集中点和控制点。

GNSS

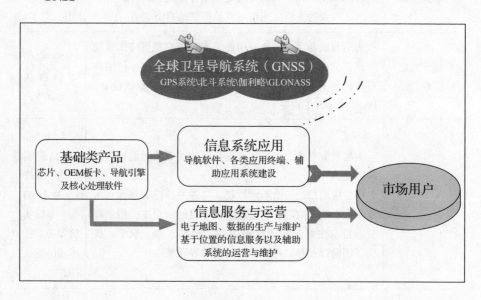

1. 全球卫星导航系统：主要指现有的美国 GPS 系统、俄罗斯的 GLO-NASS、中国的北斗卫星导航定位系统及欧盟正在建设的伽利略系统。

2. 卫星导航定位基础类产品：主要是指卫星导航定位芯片、OEM 板卡、导航引擎及核心处理软件。

3. 信息系统应用：主要包括各种针对不同行业用户的基于位置的系统集成、卫星导航系统辅助/增强系统建设，以及为了满足有关系统应用方式和用户群体的接收终端（例如：车载设备、船载设备、手持设备等）。

卫星导航应用总是面向不同行业，与各种各样的其他技术结合在一起，成为行业信息系统项目的一个重要组成部分。从整个卫星导航定位产业链来看，从事位置信息系统应用的企业是最多的，仅我国就有近 300 余家，各个企业在不同领域、不同层面上形成了以自己行业应用软件为主的核心竞争力。同时，在核心卫星导航定位系统基础上，根据不同行业的需要建设面向行业应用的辅助/增强系统，例如美国的 WAAS、日本的 MSAS、欧洲的 EGNOS、建设在各地的 CORS 系统等。

4. 信息服务与运营：主要包括电子地图数据的生产与维护、基于位置的信息服务，以及辅助系统的运营与维护等。从面向用户的类型来看，可分为面向大众用户的信息服务和面向专业用户的信息服务两大类。面向大众的信息服务主要以移动运营商提供为主。

由于卫星导航系统都是由政府投资建设与控制的，从价值链和市场行为来看，狭义的产业链包括卫星导航定位基础类产品、终端产品、信息系统应用和运营服务四大部分。

全球卫星导航系统是泛指所有的卫星导航系统，包括全球的、区域的和增强的，如美国 GPS、俄罗斯 GLONASS、中国北斗系统和欧洲伽利略以及相关的增加系统，还涵盖在建和以后要建设的其他卫星导航系统。美国的全球定位系统（GPS）和俄罗斯的全球卫星无线电导航系统（GLONASS）均于 20

世纪 90 年代中期建成。这两大系统不但已成为重要军事装备，而且在全球导航定位、高精度时间传递、航天器测控等领域获得广泛应用。欧盟从 20 世纪末开始建设伽利略卫星导航系统。我国于 20 世纪 90 年代中期开始建设中国北斗卫星导航系统。由于不断增长的用户需求和各国国情的差异，当代卫星导航系统在工作体制、定位原理、集成功能、主要性能指标等方面向多样化、高需求发展，已成为主要发达国家和发展中国家的重要基础设施。

OEM 板卡

OEM 为 Original Equipment Manufacturer 的缩写，表示该产品是提供给第三方，通过第三方的进一步生产加工，最终形成终端用户产品。

SoC

System on Chip 的简称，即将一个系统（本文指包括卫星定位功能、多媒体功能等多个功能）集成在一个芯片上，该芯片称为 SoC。

多系统

卫星导航芯片能够同时接收多个导航系统的信号，可以分别进行定位计算，也可以组合多个导航系统的信号进行组合计算。

多频率

卫星导航芯片可以同时接收多个卫星导航系统发出的频率。例如：目前常用的双频接收机芯片，一般能够同时接收 GPS 的 L1 和 L2 两个频率，或者可以接收更多的频率，如同时接收 GPS 的 L1 和 L2 以及北斗的 B1 和 B3 四个频率或者更多。

跋：怀抱北斗梦　感恩大时代

2015 年 9 月 25 日是北斗星通公司成立十五周年的日子，十五年间，我没想到：在汹涌澎湃的市场经济大潮簇拥下，北斗星通人历经风霜雪雨，从一个注册资金 60 万元、20 几人的小公司发展到今天市值 150 多亿、2500 多人的导航产业集团；我没有想到：期间发生了很多高兴的、伤心的"故事"，很值得总结和反思。

在 2010 年北斗星通成立十年时，我们对过去的十年进行了概要的总结和反思，编辑出了《北斗星通十周年特刊》，总结出了"共同的北斗，共同的梦想"的认识，概括出了北斗星通做人的核心价值观"诚信、务实、坚韧"，取其谐音简称"诚实人"，制定出了 2020 新十年愿景："成为受人尊重、员工自豪、国家信赖、国际一流的百亿级导航产业集团。"因为既要去战场上"打仗"，又要静下心来"总结"，总感觉十年的"总结"做得不到位、不过瘾，从那以后，逐步萌生了把北斗星通的经历记录下来的想法。

又经历了风风雨雨的五年，北斗星通和北斗产业，我们国家和整个世界都发生了巨大的变化，我和我的同事们更加深刻地认识到我们生活在国家历史上，甚至是人类历史上最"美好"的时间段：中国处于大时代，北斗产业处于大时期，北斗星通处于大阶段，"三大"交融异彩纷呈！我们也更加清醒地意识到，自己的能力越来越难以适应这种美好前景对我们的要求，必须不断深入总结与反思，以寻找适合自身发展的经营规律，转变不适应发展变化要求的经营理念，不断修行自我、提高自我！不辜负"大时代、大时期、大阶段"！不辜负孙家栋、叶正大等老一辈科学家！不辜负所有北斗梦追随者们以及所有关心、支持北斗产业的人们。

有了《北斗梦：北斗星通十五年》，还会有《北斗星通二十年》《北斗星通二十五年》……希望有《北斗星通一百年》，以期记录一个企业群体人用产业追逐梦想的酸甜苦辣，激励自我，只争朝夕！得到批评反馈，修正自我，不断进步！

感谢十五年来为北斗星通发展做出贡献的同事们，感谢支持、关心和帮助我们的各界朋友们！

特别感谢我们的家人给予北斗星通人无私的爱！

感谢郭宇宽博士及创作团队！感谢《北斗梦：北斗星通十五年》项目组各位同事。

《北斗梦：北斗星通十五年》是我们大家共同的作品。

2015 年 9 月 1 日